全部入りマイコン・ボードmbedとイーサネットでつながる

Androidによる
マイコン・ボード
制御入門

大川 善邦 著
Yoshikuni Ookawa

CQ出版社

まえがき

　AppleのiOSに並行して，GoogleのAndroidが急速に普及しています．
　iOSは，Appleが完全に支配するのに対して，Androidはオープン・ソースです．
　ソースコードはインターネット上に公開されているので，だれでも自由にダウンロードして使用できます．
　ソースコードの変更も自由です．費用は一切かかりません．
　一方で，PCの市場において，圧倒的なシェアを持つマイクロソフトは虎視眈々としてこの市場を狙っています．
　しかし，1台の価格が数万円という機器に対して数千円のOSを搭載することは，所詮，無理な話です．経済の原則を踏み外しています．
　携帯機器において，Windowsが普及することは，現状ではまずないと思います．
　ここでは，コンピュータとしてAndroidを搭載したタブレットを使用します．
　タブレットは，身に着けて持ち運ぶことを前提にしているので軽量です．しかも，画面サイズは，携帯電話に比べてはるかに大きく，多量の情報を表示できます．
　タブレットは，通常，電話回線に接続する機能を持ちません．
　それだけに，維持費用は安価です．
　通信機能としてWiFiとBluetoothがあるので，たとえばWiFiを使ってインターネットに接続できます．
　安価，かつ軽量なコンピュータとして最適です．
　タブレットのWiFiを使ってインターネットへ接続すると，たとえばSkypeを使って外国の人と話をするとか，そういったことができます．
　外国へ出張して，そこから家族と会話するなども可能です．
　こういった機能は，タブレットに最初から埋め込まれているので，別システムは不要です．
　本書においては，もう一歩踏み込んだ状況を考えます．
　インターネットを介して遠隔地の物理量，たとえば温度，気圧……，などを調べたい，という状況を設定します．
　物理的な量を計測するためには，その量に対応したセンサが必要です．温度を測るのであれば温度計，圧力を測るのであれば圧力計が必要です．
　通常のコンピュータは，こういったセンサを搭載していないので，物理的な量を直接測定できません．
　ここでは物理量を測定するために，マイクロコントローラ（MCU: Micro-Controller Unit）と呼ばれるデバイスを使用します．

マイクロコントローラは，超小型のコンピュータです．

マイクロコントローラはコンピュータですが，小型であるために，扱いは通常のパソコンなどとは著しく違います．

しかし，小型であるために，値段は安く，秋葉原などにおいて1000円程度で販売されています．

もちろん，1000円のMCUだけで，たとえば温度を計測してデータをインターネットへ乗せることなどできません．付属の設備が必要です．

こういったシステムを組み込み系（embedded system）と呼ぶことがあります．

組み込み系は，多くの場合はメーカーが一括販売するものではありません．

いろいろな場所から，材料を取り寄せて，手作業でシステムを組み上げる必要があります．

組み上げる手順を一歩でも誤ると，システムは正しく応答しません．

ここでは，私が，システムを組み上げた手順をそのままの形で記述します．

一般論を展開するのではなくて，一つの事例を書きます．

皆さんは，必ず私と同じシステムを実際に組み上げてください．そして，目的に応じて，システムを発展させてください．

本書では，以下を使って解説を進めています．

■ MAPLE Board（マルツエレック株式会社）

mbedやLPCXpressoを搭載できるARMマイコンの学習/評価用ベースボード．EthernetやUSBポート，microSDカード・スロット，キャラクタ・ディスプレイを搭載．

http://www.marutsu.co.jp/user/tr_kikaku1101.php

協力　マルツエレック株式会社

■ mbed NXP LPC1768 評価キット

ARM社のCortex-M3をコアにしたNXPセミコンダクターズ社のUSB内蔵マイコン，LPC1768の評価ボード．

http://akizukidenshi.com/catalog/g/gM-03596/

■ 本書で解説したプログラムなどの関連ファイルを以下のURLからダウンロードすることができます．

http://shop.cqpub.co.jp/hanbai/books/16/16291.html

目　次

- まえがき ･････････････････････ 2

第1章　イントロダクション ････････ 5
- 1.1　ARM ･････････････････ 5
- 1.2　Android ･･････････････ 6
- 1.3　Tablet ････････････････ 6
- 1.4　Tegra ････････････････ 6
- 1.5　Arduino ･･････････････ 7
- 1.6　mbed ････････････････ 7

第2章　Androidの準備 ･･････････ 9
- 2.1　タブレット ････････････ 9
- 2.2　開発システム ･･････････ 10
- 2.3　ドライバ ･････････････ 15
- 2.4　Androidのハロー・ワールド
  ･･･････････････････････ 16
- 2.5　タイトルの削除 ･･･････ 29
- 2.6　ボタン ･･･････････････ 33
- 2.7　WiFi設定 ････････････ 41
- 2.8　Android Debug Bridge
  ･･･････････････････････ 47

第3章　mbedの準備 ････････････ 53
- 3.1　mbed ････････････････ 53
- 3.2　ハローLED ･･･････････ 54
- 3.3　初めてのプログラミング ･･･ 60
- 3.4　文字列の表示 ･････････ 69
- 3.5　ハードウェアの準備 ････ 77
- 3.6　mbedのハロー・ワールド
  ･･･････････････････････ 80
- 3.7　スイッチ ･････････････ 88

第4章　http通信 ･･････････････ 93
- 4.1　HTTPクライアント ･････ 93
- 4.2　標準時刻 ･････････････ 100
- 4.3　HTTPサーバ ･･････････ 103
- 4.4　RPCFunction ･････････ 115
- 4.5　MAPLEボードのスイッチ
  ･･･････････････････････ 124
- 4.6　RPCVariable ･････････ 129
- 4.7　WebView ････････････ 137

第5章　UDP通信 ･･････････････ 145
- 5.1　パソコン ･････････････ 145
- 5.2　mbed ････････････････ 149
- 5.3　Android ･････････････ 158
- 5.4　Androidとmbed ･･････ 166
- 5.5　スレッド ･････････････ 174
- 5.6　文字列の表示 ･････････ 184
- 5.7　コマンド ･････････････ 187
- 5.8　ユーザ・インターフェース
  ･･･････････････････････ 197

第6章　TCP通信 ･･････････････ 209
- 6.1　TCPサーバ ･･･････････ 209
- 6.2　TCPクライアント ･･････ 221
- 6.3　mbedサーバ ･･････････ 229
- 6.4　Androidクライアント ･･･ 246
- 6.5　ユーザ・インターフェース
  ･･･････････････････････ 263

- 参考文献 ･･････････････････ 283
- あとがき ･･････････････････ 284
- 索　引 ････････････････････ 285

第 1 章　イントロダクション

プログラムの作成に入る前に，Android タブレットと mbed の生い立ちについて述べます．

1.1　ARM

パソコンにおいて，CPU（Central Processing Unit: 中央演算処理装置）と言えば，すぐに Intel や AMD の名前が浮かんできます．処理速度を重視したヘビーウェイト級の CPU です．

これに対して，携帯型のコンピュータ（たとえば，携帯電話，タブレットなど）においては，電力消費が重要なポイントになります．電力の消費が少なくて，電池が長持ちする CPU が絶対に有利です．これに応えたのが ARM です．

技術的に言うと，Intel や AMD の CPU は，CISC という設計法を採用しています．これに対して，ARM の CPU は RISC という設計法を採用しています．技術の細部は述べませんが，この設計法の違いが，電力消費に大きな影響を与えます．携帯型のコンピュータにおいて，ARM の CPU は，圧倒的なシェアを獲得しています．ビジネスを展開するパターンにおいても，両者の間には大きな差異があります．

Intel や AMD は，CPU のパッケージを製造して販売します．これに対して，ARM は CPU の設計図を販売します．物理的なパッケージではありません．たとえて言えば，Intel や AMD は，お饅頭を売るのに対して，ARM はお饅頭の製造法を売ります．

Intel から，お饅頭を買った人は，すぐに食べられるけれども，ARM のお饅頭製造方法を買った人は，すぐに食べることはできません．ARM から購入するのは，製造のライセンスです．必要な材料を買い集めて，調理して，それから食べるということになります．

ARM から，お饅頭のライセンスを買ったにしても，たとえば，甘みを強くするとか，弱くするとか…，そういった変更を加えることは可能です．

結果として，ARM の CPU は同じ型式であってもパッケージのメーカーによって内容は異なることになります．

A 社のお饅頭は甘みが強いのに，B 社のお饅頭は甘みを抑えているとか，そういった違いが生じます．

ARM は新しい戦法を採用して，Intel の堅城を打ち破ったとも言えるでしょう．

AMD には果たすことのできなかった夢を，ARM は，まさに実現しました．

1.2 Android

コンピュータは，CPU だけで成り立つものではありません．ソフトウェア，まず，最初に OS (Operating System) が必要です．この要求に答えたのが Google の Android です．

Google は，Android をオープン・ソース (Open Source) として公開しています．だれでも，プログラム・ソースをダウンロードして，自分のコンピュータにインストールして，使用することができます．変更の許可を得る必要もなければ，料金を払う必要もありません．

Android は Linux をベースにして，その上に Java を積み上げた構造になっています (図 1.1)．

Java の資産を継承しますが，Android は Android であり，Java ではありません．プログラムを作る際には十分に注意してください．

1.3 Tablet

Android は発足の当初，携帯電話をターゲットにしたので，画面サイズは携帯電話の画面サイズに限定していました．

しかし OS として，画面サイズを制限することは，どう考えてもおかしな話です．

Android のバージョン 3.0 以降，画面サイズの制限は解除されました．携帯電話以外のデバイスに，Android を適用しやすくなりました．

この結果，Android を採用したタブレットと呼ばれる携帯型コンピュータが市場に登場することになりました．

Android のタブレットは，先発の iPad と熾烈な市場獲得競争を繰り広げています．どちらが勝利するか，現在のところ，まったくわかりません．メーカーの生死を賭けた争いが続いています．

1.4 Tegra

NVIDIA は，パソコンのビデオ・ボード分野において独占的なシェアを持っています．

パソコンにおいて，ゲームなどをプレイする際には，皆さんは，おそらく NVIDIA のボードを使ってプレイしているのではないかと思います．

この NVIDIA が，マイクロコントローラの分野へ踏み込んできました．NVIDIA の Tegra の登場です．図 1.2 を見てください．

Tegra は，大雑把に言うならば，2 個の ARM と 1 個の GPU (Graphic Processing Unit) を一つのパッケージに集積したものです．

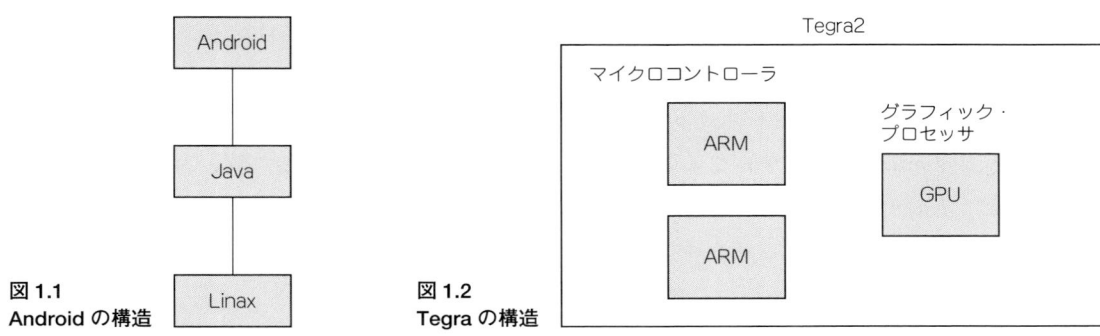

図 1.1
Android の構造

図 1.2
Tegra の構造

　NVIDIA は，もともと，GPU を製造する会社です．この会社が，自社の GPU と ARM の CPU を組み合わせてパッケージを作りました．OS は，もちろん Android です．

　Tegra において，ARM の MCU，NVIDIA の GPU，Google の Android，この 3 者ががっちりと手を組みました．

1.5　Arduino

　2005 年，イタリアの Institute of Interactive Design において，小さなプロジェクトが進行していました．Atmel の MCU を使って，小さな基板上に超小型のコンピュータを組み上げます．

　プログラムはパソコン上で開発して，これをダウンロードします．

　名前は，Arduino です．

　これまでも，いろいろなメーカーから超小型のコンピュータセットは発売されていました．Arduino は，オープン・ソースです．特定のメーカーの利益に寄与するものではありません．回路図は，全公開，だれでも，自由に使用できます．

　Arduino は，学生やアマチュアのホビーとして，電子工作を楽しむ人などの間で急速に普及しました．

　Arduino を使うと，温度や湿度などの物理量を簡単にコンピュータへ取り込むことが可能になります．

　Arduino は，コンピュータの適用範囲をディジタルの世界から，アナログの世界へ，そしてセンシングの世界へ拡張しました．

　Arduino は，コンピュータの歴史において，一つの新しい時代を築いたと言えるでしょう．

1.6　mbed

　フィリップス系列の NXP セミコンダクターズは，ARM の協力を得て mbed を開発しました．mbed

は，NXPのLPCXpresso1768を改良したものですが，これまでのMCUには見ることがなかった新規性を持っています．

　まず第1に，mbedはインターネット上のクラウドを利用してプログラムの開発を行います．

　手元のパソコンに開発システムをインストールして，プログラムを開発するのではありません．開発システムは，インターネットのクラウドにあります．

　ユーザは，パソコンのブラウザを通して開発システムにアクセスし，そこでプログラムを書き，コンパイルして，バイナリを実機へダウンロードします．

　mbedのリセット・キーを押すと，プログラムが実行され，結果を検証できます．

　次に，すこし技術的な話になりますが，mbedにはインターネットに接続するための回路があらかじめ装着されています．インターネットのケーブルを差し込めば即OK，とはなりませんが，300円程度のソケットを買ってきてはんだ付けすれば，即インターネットに乗ることができます．

　mbedは，Arduinoが切り開いたオープン・ソースの世界をさらに一歩進めて，同じ趣味を持つ人々を世界規模で結びつける役目を果たしていくでしょう．

　携帯電話は，デスクトップの世界をモバイルの世界へ拡張しました．Arduinoからmbedへの流れは，ディジタルの世界をアナログの世界へ拡張することになると私は確信しています．

第2章　Androidの準備

Androidタブレットを入手して，必要な準備作業を行い，簡単なプログラムを書いて，実行するまでの手順を述べます．

2.1　タブレット

本書ではacerのタブレットICONIA TAB A500を使用します．

OSは，Android Honeycomb 3.0です．

ここで使用する，ICONIA TAB A500の主要スペック（specifications）を**表2.1**に示します．

表からわかるように，このタブレットは，中型のパソコンに匹敵する機能を持ち，かつ携帯型（mobile）という特徴を持っています．ただし，携帯電話と違って，電話回線へ接続する機能はありません．

ここでは，皆さんの手元にTegra搭載のタブレットがあることを前提にします．タブレットを手元に置いてください．**図2.1**に示すように電源ケーブルを接続し，タブレットを起動します．

> **注意**
> 内蔵バッテリを十分に充電した状態ならば，AC電源を接続する必要はありません．

表2.1
AndroidタブレットICONIA TAB A500の主要スペック

OS	Android Honeycomb 3.0
ディスプレイ	10.1ワイド，1280×800（ピクセル）
パッケージ	NVIDIA Tegra 2
CPU	ARM Cortex A9（1GH）×2
GPU	NVIDIA GPU
システム・メモリ	1GB DDR2
ストレージ	16GB SSD
無線LAN	IEEE 802.11 b/g/n
Bluetooth	Bluetooth 2.1＋EDR
重量	約765g

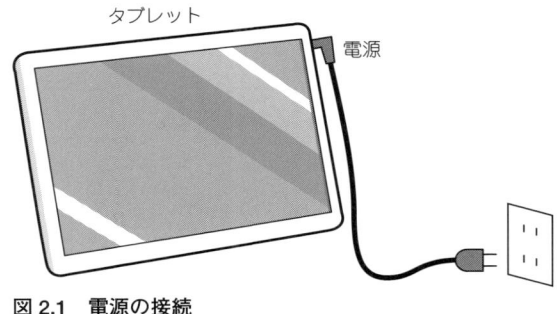

図2.1　電源の接続

第 2 章　Android の準備

図 2.2　スイッチを入れる

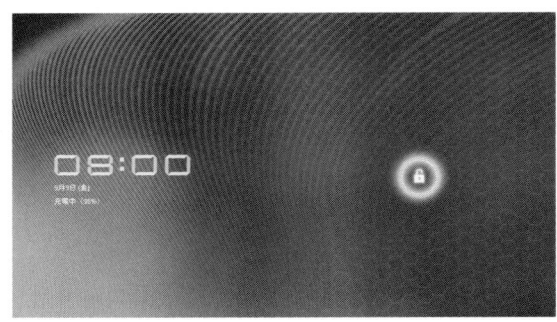

画面 2.1　初期画面

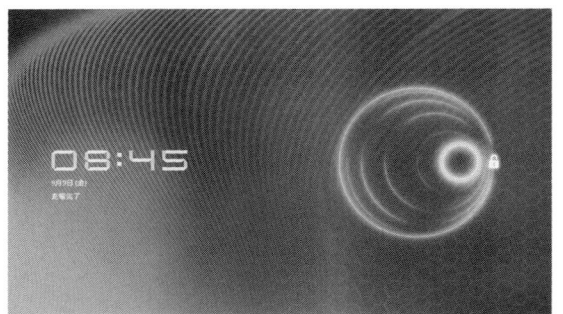

画面 2.2　鍵の移動

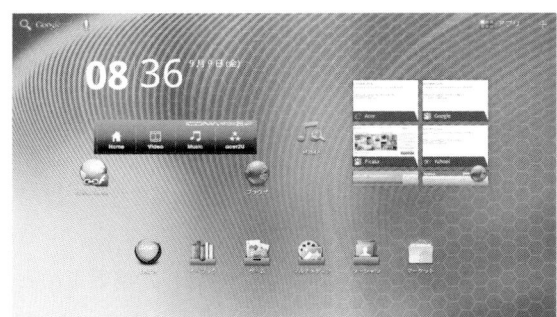

画面 2.3　ホームの画面

　図 2.2 に示すように，タブレット左側面上部の電源スイッチを 2 秒程度長押しします．

　しばらくすると，画面 2.1 に示すように初期画面が現れます．

　画面の鍵マークにタッチして右へドラッグすると，画面 2.2 に示すように，鍵は右へ移動するので，その場所へリングをドラッグします．

　画面 2.3 に示すように，ホームの画面が現れます．

　タブレットを電源に接続して，スイッチを入れ初期画面を開きました．

2.2　開発システム

　タブレットのプログラム開発システムをパソコンに構築します．

　タブレットのプログラム開発は，図 2.3 に示すようにパソコンとタブレットを USB ケーブルによって接続して進めます．

　USB ケーブルは，通常，タブレットのパッケージに添付されています．パソコンの OS は，Windows,

2.2 開発システム

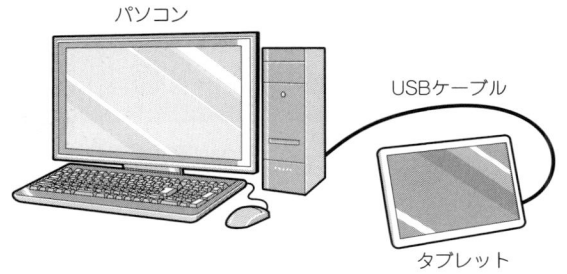

図 2.3　プログラムの開発

Mac，Linux いずれでも使用できるので，開発システムは OS に依存しません．本書では，Windows パソコンを使います．OS は，Windows 7 です．

システムを準備する手順は，以下の 4 ステップです．

> (1) プログラムの開発システムを，インターネットからダウンロードして，パソコンに，インストールする．
> (2) 開発システムには，eclipse が含まれている．IDE は eclipse．これらを使って，Android のプロジェクトを構成し，プログラムを書き込み，それらをビルドする．
> (3) ビルドしたバイナリは，USB ケーブルを介してタブレットへダウンロードする．
> (4) ダウンロードしたプログラムをタブレットで実行して，その結果を検証する．

ここで，重要な注意を述べます．

開発システムには，通常，エミュレータ (emulator) が用意されています．エミュレータを使うと，パソコンでタブレットのプログラムを実行して，結果を検証することができます．つまり，すべての手続きをパソコン上において処理できるので，超お手軽です．

しかし，エミュレータと実機は 100 ％互換ではありません．本書では，作成したプログラムはすべて実機へダウンロードして実機検証をします．エミュレータは使用しません．

それでは，実際に作業を進めます．

ここで使用するタブレット ICONIA が搭載するエンジンは，NVIDIA の Tegra2 です．

開発システムは，NVIDIA の URL からダウンロードします．

NVIDIA は，Tegra の開発システムを，

> TADP (Tegra Android Development Pack)

画面 2.4　NVIDIA の TADP

という名前で公開しています．

　Tegra を採用するタブレットの開発においては，このパックを使うことがお薦めです．

 注意

　TADP は，Tegra にカスタマイズされているので，Tegra 以外のタブレットに使用することは薦めません．

　ブラウザを開いて，画面 2.4 に示すように NVIDIA のデベロッパ・ゾーン，

```
http://developer.nvidia.com/tegra-android-development-pack
```

へアクセスします．

　画面右下の，

```
[here]
```

2.2 開発システム

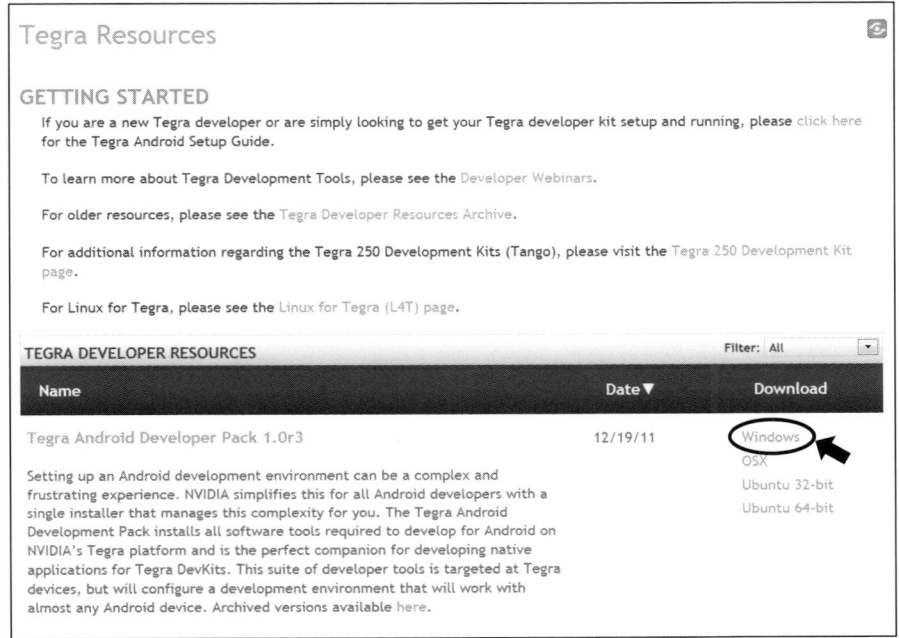

画面 2.5　TADP のダウンロードのサイト

の部分をクリックします．画面 2.5 に示すように，TADP のダウンロードの画面が開きます．

画面右下部に，OS の名前が，

と記載されています．ここで使用する OS は Windows なので，[Windows]をクリックします．

 注意

　Mac の場合は OSX，Linux の場合は Ubuntu32，あるいは Ubuntu64 のいずれかをクリックします．ダウンロードは無料ですが，デベロッパとしての登録が必要になる場合があります．ダウンロードは，かなり長い時間がかかります．ダウンロードが終了すると，ディスク内に**画面 2.6** に示すように，NVPACK フォルダが作成されます．

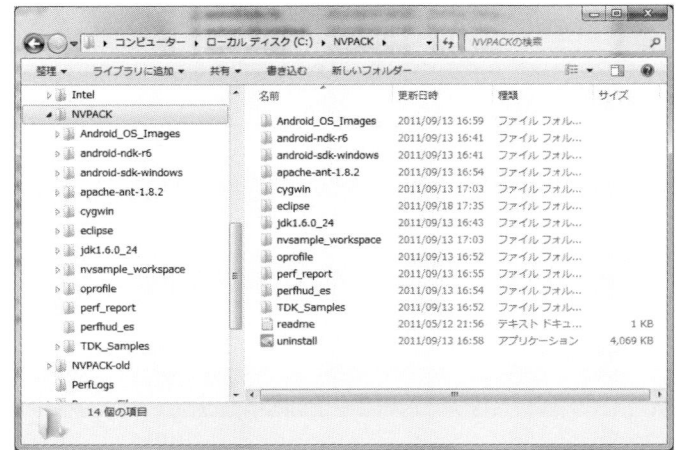

画面 2.6
NVPACK のフォルダ

以下のサブフォルダが作成されます．

Android_OS_Images	OS のイメージ
android-ndk-r6	C 言語のプログラム開発
android-sdk-windows	Android の開発システム
apach-ant-1.8.2	アパッチ
cygwin	コマンド・ツール
eclipse	統合開発環境
jdk1.6.0_24	Java
oprofile	プロファイラ
perfhud_es	GPU のデバッガ
TDK-Samples	サンプル

NVPACK ディレクトリのサイズは，およそ 3GB です．ダウンロードには，たっぷり時間がかかります．

ディスクに，たとえば，cygwin が既にインストールされている場合においても，NVPACK 内に cygwin がインストールされます．すなわち，この場合，cygwin は 2 箇所に重複してインストールされることになります．

NVPACK 以前にダウンロードした cygwin と NVPACK 内の cygwin は，まったく同じではありません．NVPACK 内の cygwin には，NVIDIA が新規にコマンドを追加しています．

事情に熟知した人は別として，入門段階の人は必ず TADP を使用してください．

NVPACK は，開発者の便宜を考えてインターネット上に散在するフリーのツールを一つのパックにまとめたものです．使用頻度の高いツールの設定は，あらかじめ設定されています．これを利用することにより，インターネットから各々のツールをダウンロードして，手動で設定を行うよりは，プログラムの開発に早く入れます．

しかし，NVPACK はツールを集めたものです．マイクロソフトの Visual Studio，あるいは Apple の Xcode のように，一つの企業が責任を持って販売する商品ではありません．

NVPACK は，異なる団体が開発したフリーのツールを集めたものなので，すべての責任は，使用者にあります．この点を十分に留意してください．

2.3 ドライバ

パソコンからタブレット実機へプログラムをダウンロードする際に，ドライバが必要です．このドライバは，通常，NVIDIA の TADP に含まれていません．

ドライバは，タブレットのメーカーが作成します．ここでは acer の ICONIA を使用するので，acer の URL へアクセスしてファイルをダウンロードします．

```
http://global-download.acer.com/GDFiles/Driver/USB/USB_Acer_
1.06.1500_A30HA31H_A.zip?acerid=634483608467381476&Step1=Tablet&
Step2=ICONIA%20TAB&Step3=A500&OS=a07&LC=ja&BC=Acer&SC=AAP_3
```

ダウンロードは無料ですが，会員登録が必要になる場合があります．

ファイルをダウンロードすると，**画面 2.7** に示すように指定したフォルダに zip ファイルが格納されます．

ファイルは，かなりの頻度で更新されるので，ここでは，9月と12月に2回ダウンロードしました．ダウンロードしたファイルを解凍すると，PC にドライバがインストールされます．

以上で，タブレットの準備は整いました．

> **注意**
>
> 念のために重ねて注意します．上記のファイルは，本書において使用するタブレット（ICONIA A500）専用です．ダウンロードするファイルは，使用するタブレットに応じて，変わります．十分に注意してください．

第 2 章　Android の準備

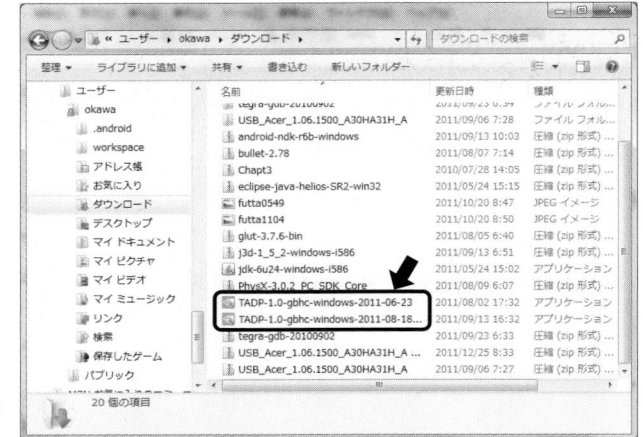

画面 2.7
ダウンロードした
zip ファイル

2.4　Android のハロー・ワールド

コンピュータ・サイエンスの原則に従って文字列,

> Hello World!

をプリントするプログラムを作り，タブレット実機にダウンロードして実行します．

　プログラムを作成するために，NVPACK フォルダの eclipse を使います．

> **注意**
> 　以下，eclipse，cygwin などと記載した場合は，NVPACK 内の eclipse，cygwin を指します．これ以降，「NVPACK フォルダの」という前置詞は省略します．

　eclipse は，起動の際にプロジェクトを格納するフォルダを要求します．**画面 2.8** に示すように，eclipse フォルダ内にあらかじめサブフォルダ workspace を作成します．

> **注意**
> 　フォルダの名前 workspace は任意です．たとえば ws などでも OK です．また，フォルダの場所も任意です．

　eclipse を起動します．

2.4 Androidのハロー・ワールド

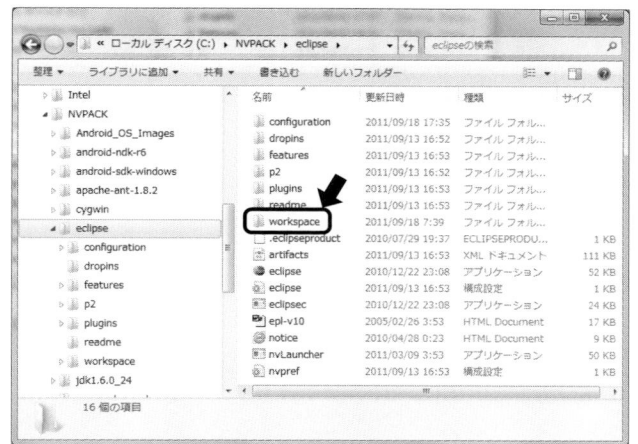

画面 2.8　ワークスペース

画面 2.9
eclipseのアイコン

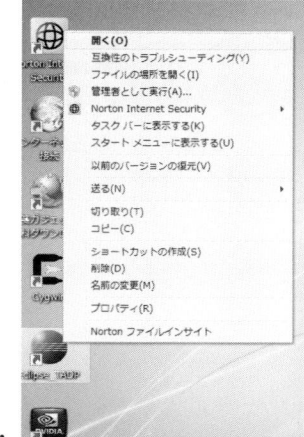

画面 2.10
ポップアップ・
メニュー

NVPACKをインストールすると，**画面 2.9**に示すように，Windows画面上にアイコンがあります．中央のアイコン，

Eclipse_TADP

をマウスで右クリックします．**画面 2.10**に示すように，ポップアップ・メニューが開くので，最上行の，

［開く］

をクリックします．
　画面 2.11に示すように，［Welcome to eclipse］の画面が開きます．
　上部タブの[x]をクリックして，［Welcome to eclipse］の画面を閉じます．**画面 2.12**に示すようにeclipseの画面が開きます．
　プロジェクトを作成する準備は，整いました．
　eclipseのメニューから**画面 2.13**に示すように，

［File］ → ［New］ → ［Android Project］

とクリックします．

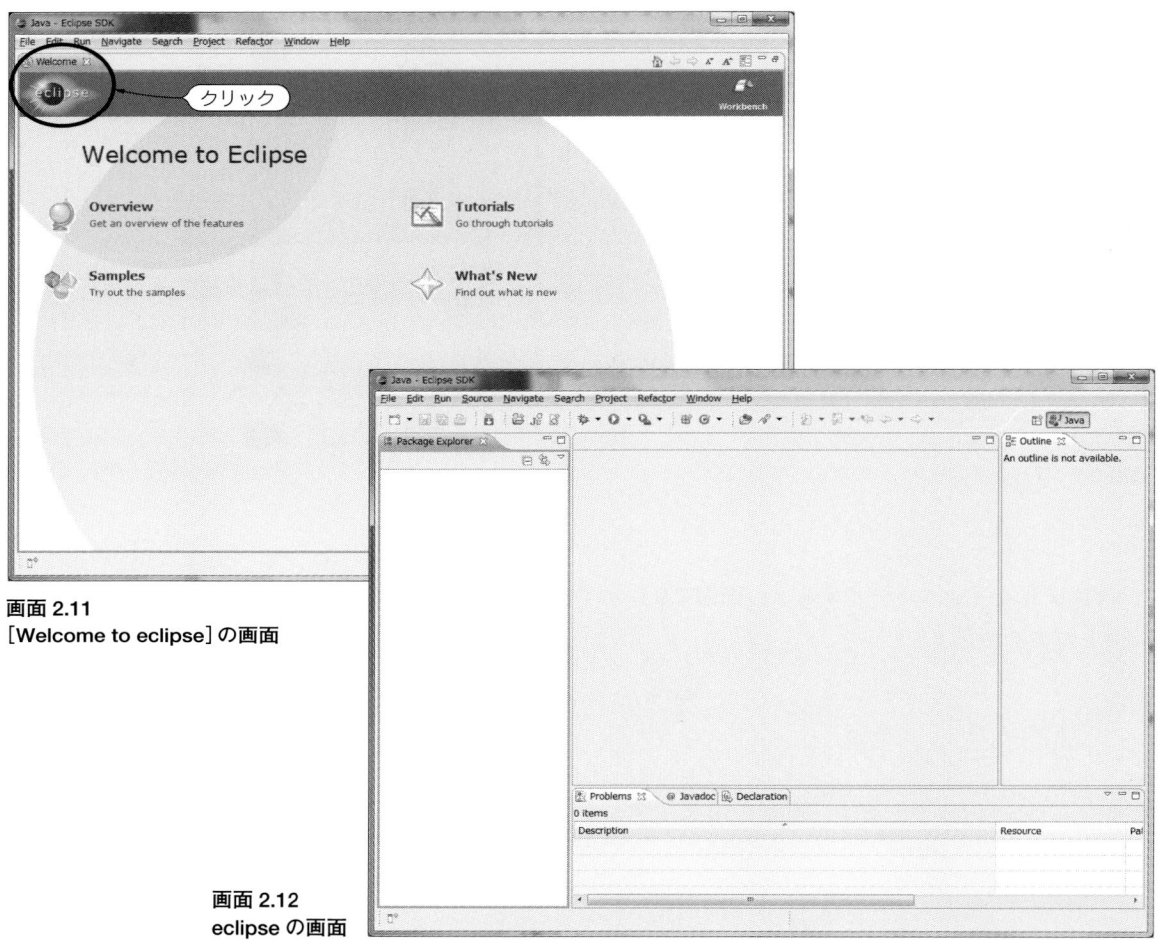

画面 2.11
［Welcome to eclipse］の画面

画面 2.12
eclipse の画面

画面 2.14 に示すように，

［New Android Project］

のダイアログが開きます．
［Project name］のテキスト・ボックスに，

HelloWorld

2.4　Androidのハロー・ワールド

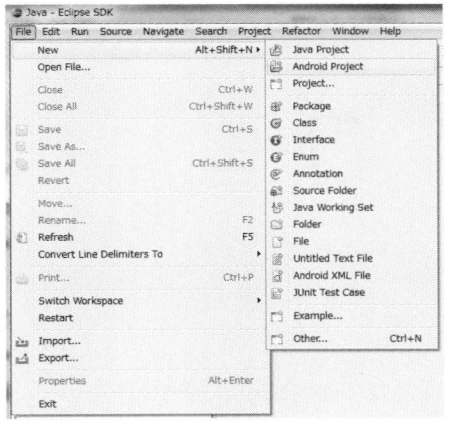

画面 2.13
Android Project

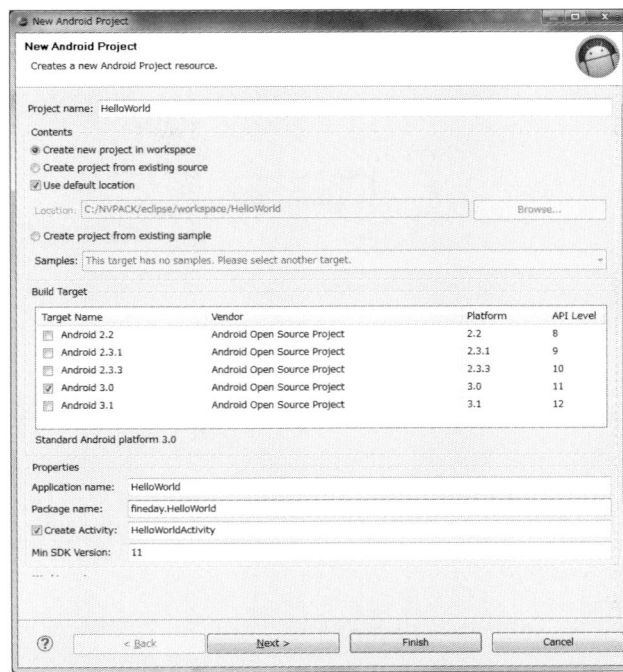

画面 2.14　[New Android Project]

と記入します．

[Build Target]では，

> Android 3.0（API Level は 11）

を選択します．

[Package name]のテキスト・ボックスに，ここでは，

> fineday.HelloWorld

と記入しました．

　必要なデータを記入して，画面下部の[Finish]ボタンをクリックします．**画面 2.15** に示すようにプロジェクト HelloWord が作成されます．

　画面左のカラムは，パッケージのエクスプローラ，

第2章　Androidの準備

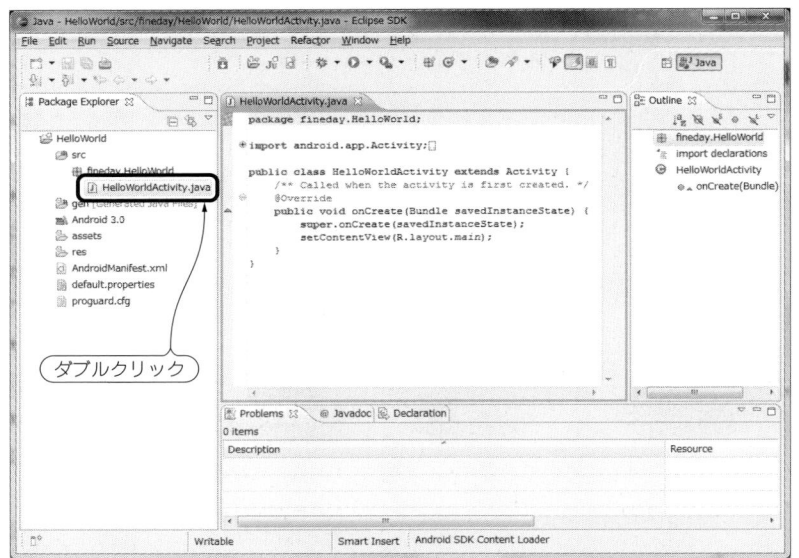

画面 2.15
HelloWorld

[Package Explorer]

です．ここに，ワークスペース（workspace）に属するプロジェクトが，リストアップされます．HelloWorldは初めて作ったプロジェクトなので，現在はHelloWorldだけが表示されています．

[HelloWorld]のサブフォルダ[src]に，ソースファイルが格納されます．

ここでは，1本のソースファイル，

HelloWorldActivity.java

が生成されています．

HelloWorldActivity.javaをマウスでダブルクリックすると，中央の[編集パネル]にファイルが開きます．Androidプロジェクトのテンプレートです．ここが，プログラム開発の出発点です．テンプレートをビルドして，実機において，実行します．

 注意

eclipseは，デフォルトでは自動的にビルドする設定になっているので，エラーが表示されない限り，ビルドは成功しています．

画面 2.16 タブレットの画面

> **注意**
>
> ここまでの段階において，プログラムは一切記入していません．テンプレートの原型を実行します．
> プログラムを実行する前に，タブレットを起動して，ホーム画面（**画面 2.3**，10 ページ）になっていることを確認します．

パソコンにおいて，eclipse のメニューから，

[Run] → [Run]

とクリックします．

> **注意**
>
> キーボードから，
>   [Ctrl] + [F11]
> と入力しても，同じ結果が得られます．しばらくすると，タブレットの画面は，**画面 2.16** に示すように，変わります．

第2章 Androidの準備

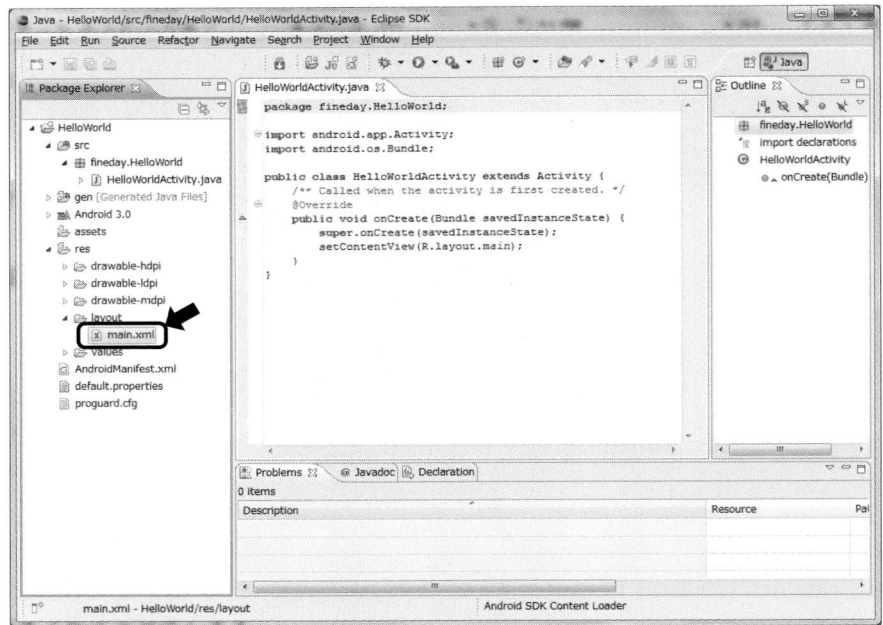

画面2.17　リソースのレイアウト

画面左上に，アイコンとプロジェクトの名前（HelloWorld）が表示されます．2行目に，文字列，

Hello World, HelloWorldActivity

がプリントされます．

eclipseにおいてAndroidのテンプレートをビルドして，実機へダウンロード後，実行しました．

タブレットの左下部の［バック］ボタン ⟨ をタップすると，ホーム画面へ移ります．

それでは，テンプレートに対してプログラムを書き込みます．

eclipseの画面へ戻ります．

左の［Package Explorer］のパネルで，

［HelloWorld］→［res］→［layout］

とクリック展開して，画面2.17に示すようにmain.xmlを表示させます．

文字列のmain.xmlをマウスで，ダブルクリックします．

2.4 Android のハロー・ワールド

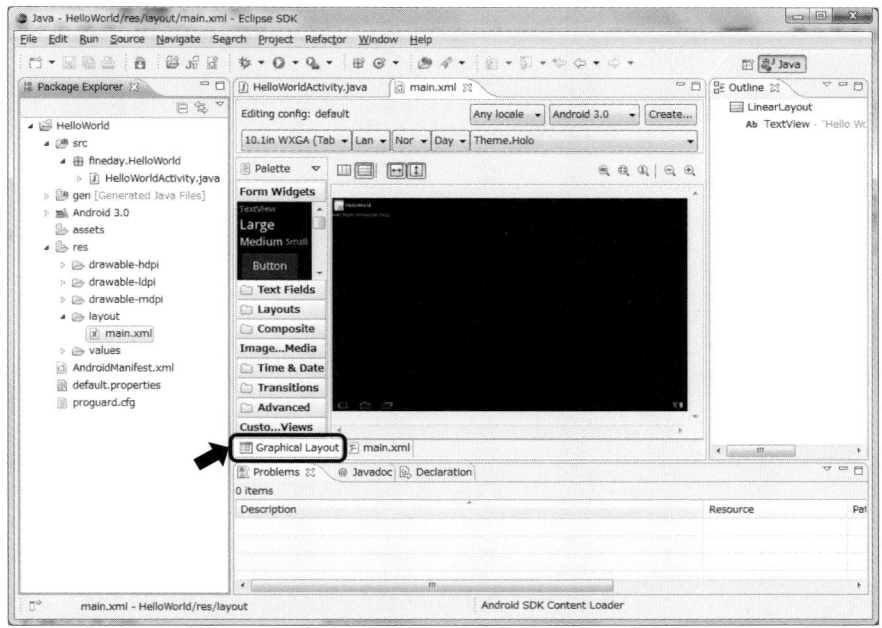

画面 2.18　ユーザ・インターフェース

中央の編集パネルに，**画面 2.18** に示すような HelloWorld のユーザ・インターフェースが表示されます．
下部のタブ，

　　main.xml

をクリックすると，**画面 2.19** に示すような xml ファイルが開きます．
下部のタブ，

　　［Graphical Layout］

をクリックして，**画面 2.18** へ戻ります．画面右の［Outline］のパネルを見ます．ここに，TextView と書いてあります．このプロジェクトに，コントロール［TextView］が 1 個がすでに組み込まれています．このコントロールを使います．
　［Outline］のパネルで，文字列 TextView をマウスでダブルクリックします．
　画面 2.20 に示すように，［Properties］のパネルが開きます．

23

第 2 章　Android の準備

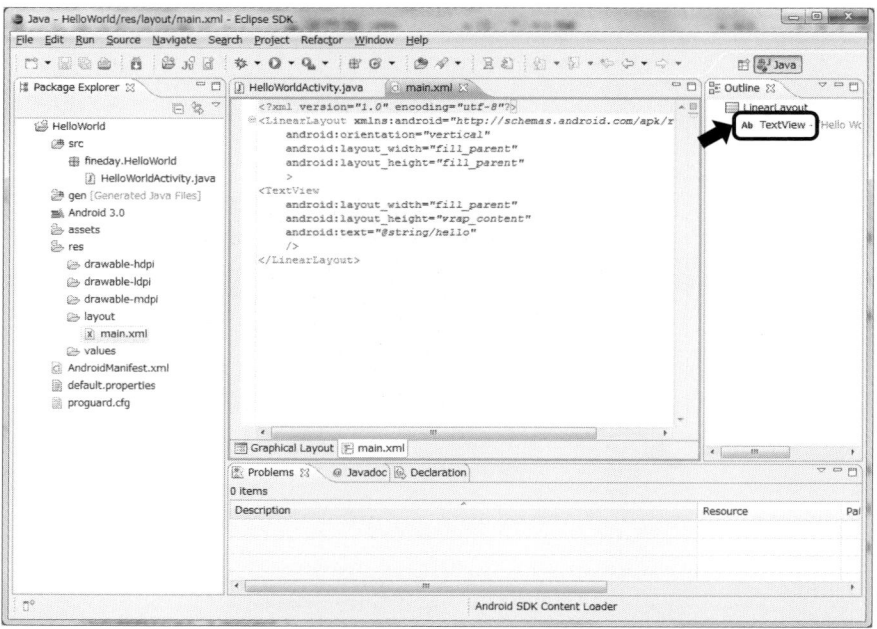

画面 2.19　xml ファイル

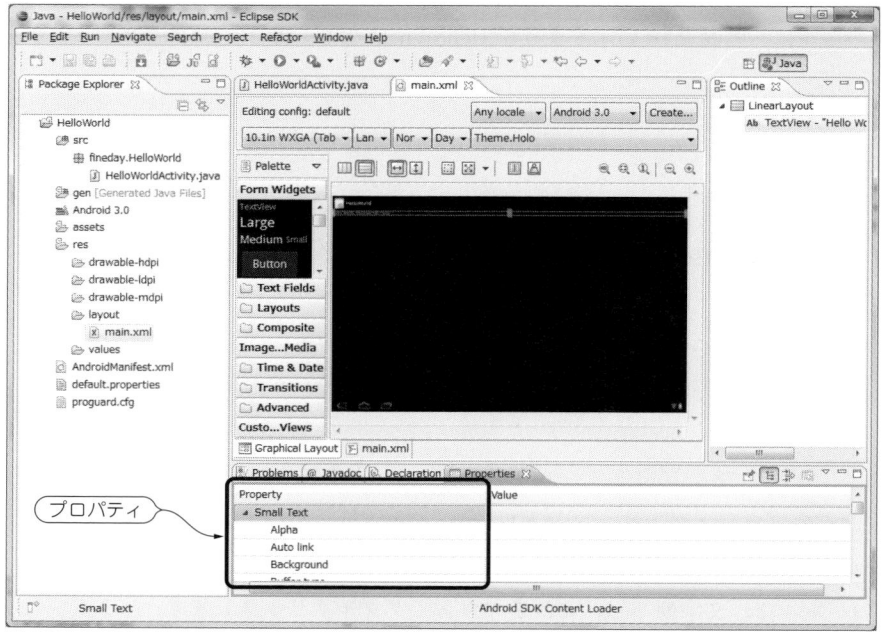

画面 2.20　［Properties］のパネル

2.4 Androidのハロー・ワールド

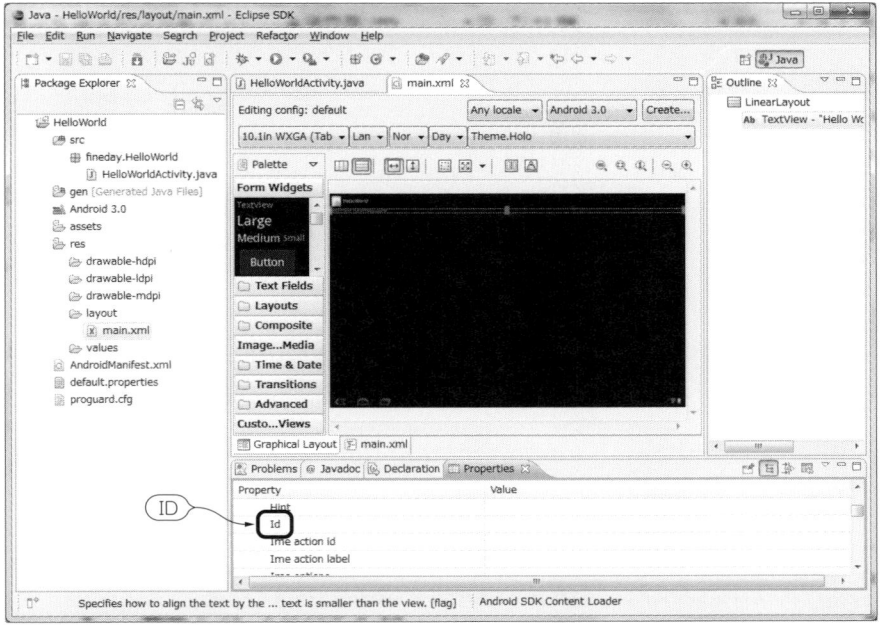

画面 2.21　プロパティ Id

 注意

　[Properties]のパネルは，他のパネルと重複するので，必要なときに[Properties]のタブをクリックします．画面 2.20 には，[Properties]の一部だけが表示されます．

　右側のタブを使って表を上下にスクロールすると，プロパティの全体を見ることができます．最初は，多くのプロパティは白紙の状態です．[Properties]をスクロールして，画面 2.21 に示すように，項目 Idを見つけます．

　ここも同様に，白紙の状態です．[Properties]のパネルは 2 列にわかれています．

　左のカラムは，

[Property]

右のカラムは，

[Value]

第2章 Androidの準備

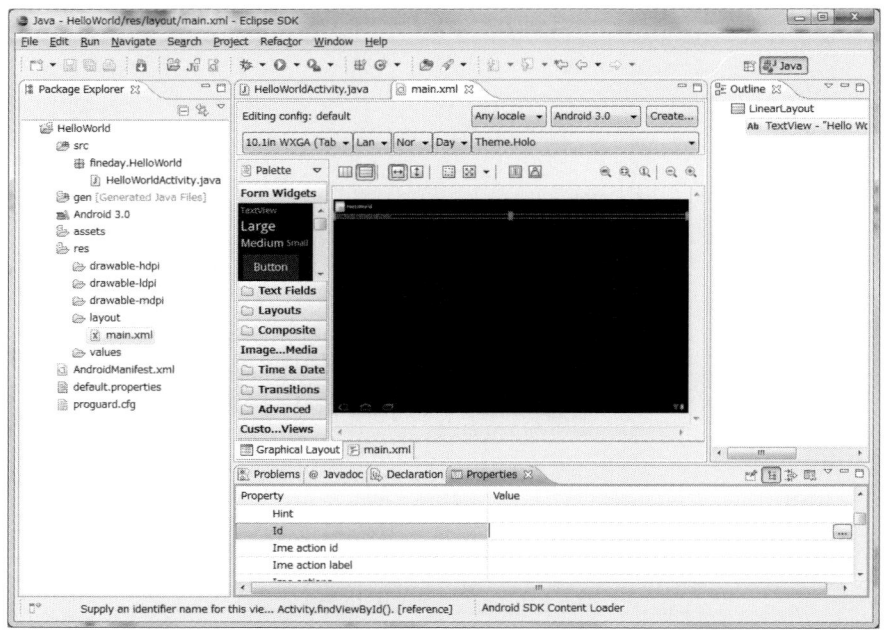

画面 2.22　テキスト・ボックスの記号

です．

　左のカラムの[Id]をクリックします．**画面 2.22** に示すように，行の右端にマーク `...` が現れます．
[Value]欄に書き込みが可能になったので，**画面 2.23** に示すように，

> @+id/textview1

と記入し，[Enter]キーを押します．

　以上の操作によって，最初からテンプレート内に含まれていたテキスト・ボックスに対して，

> textview1

という名前を付けました．

 注意

　コントロールに対して，名前を付けるということは，プログラムにおいて，その名前を使用することを意味します．

2.4 Android のハロー・ワールド

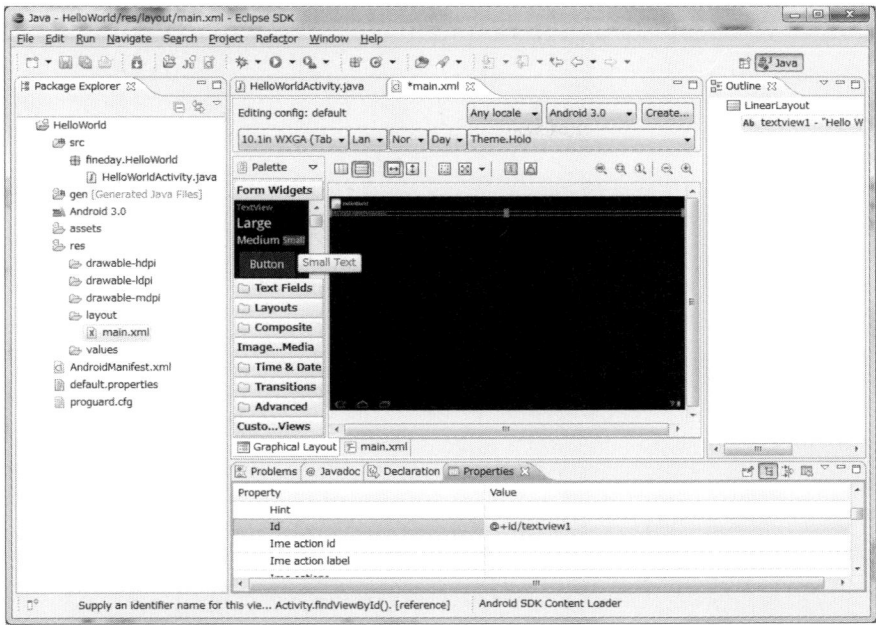

画面 2.23　名前付け

準備ができたので，プログラムを書き込みます．中央のパネルにおいて，タブ，

[HelloWorldActivity.java]

をクリックします．

中央の編集パネルにプログラムが現れるので，**リスト 2.1** に示すようにプログラムを書き込みます．
Android のコントロール TextView を使うので，必要なファイル android.widget.TextView を，

import android.widget.TextView;

として，インポートします．
TextView のインスタンス textview1 を，

TextView textview1;

として作成します．

リスト 2.1　テキスト・ボックスにプログラムを書く

```
package fineday.HelloWorld;
import android.app.Activity;
import android.os.Bundle;
import android.widget.TextView;
public class HelloWorldActivity extends Activity {
  TextView textview1;
  /** Called when the activity is first created. */
  @Override
  public void onCreate(Bundle savedInstanceState) {
    super.onCreate(savedInstanceState);
    setContentView(R.layout.main);
    textview1 = (TextView)this.findViewById(R.id.textview1);
    textview1.setText("こんにちわ,HelloWorld!");
  }
}
```

コントロールなどのオブジェクト（これをビューと呼ぶ）は，プログラムとは別の場所に作成されます．そのため，ビューに対してプログラム上の名前を割り付ける必要があります．このために，

> textview1 = （TextView）this.findViewById（R.id.textview1）；

とします．すなわち，ビューの textview1 に対して textview1 という名前を付けました．

注意

　通常，プロジェクトで使用するビューの数は多くなるので，ビューの名前とプログラムの名前は同じものを使用します．
　たとえ名前が異なる場合でも，大文字と小文字にわけるとか，そういった区別に留めます．

プログラム上のインスタンスを使って，文字列を，

> textview1.setText（"こんにちわ,HelloWorld！"）；

2.5 タイトルの削除

画面 2.24　プログラムの実行

のように書き込みます．

　プロジェクトを実行します．タブレットの画面は，**画面 2.24** に示すように，日本語に変わります．以上，簡単なプログラムを作成して，ビルドし，実機へダウンロード後，実行しました．

2.5　タイトルの削除

　画面 2.24 を見てください．画面最上部に，Android のアイコンに続いて，その右側に，プロジェクトの名前，

```
HelloWorld
```

が表示されています．

　プログラムをデバッグする段階においては，便利な機能ですが，プロジェクトが完成した際には不要です．

　このタイトルを削除するためには，センテンス，

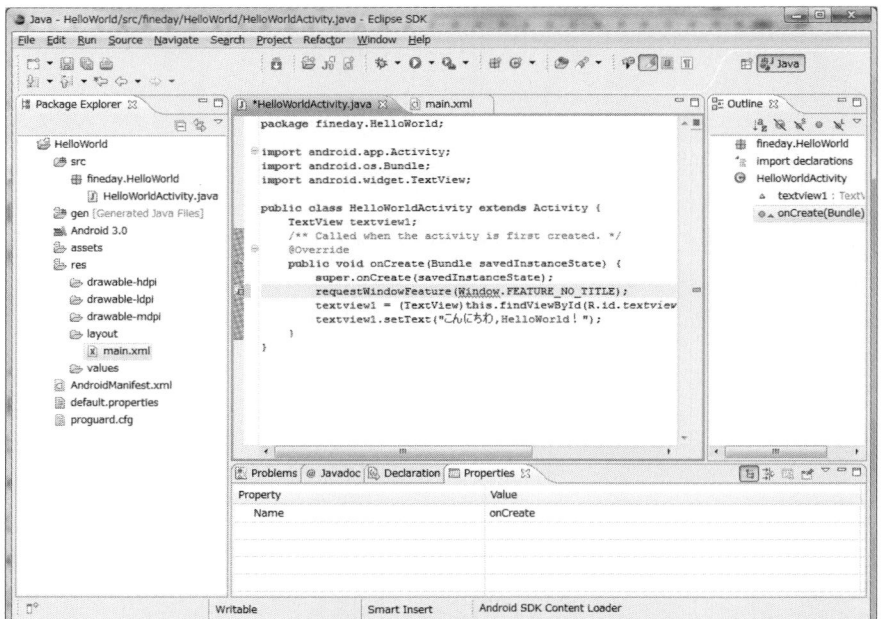

画面 2.25
センテンスの
書き込み

> requestWindowFeature（Window.FEATURE_NO_TITLE）；

を追加します．

　実際に，プログラムを作ってみましょう．

　eclipseの画面へ戻ります．**画面2.25**に示すように，センテンスを書き込みます．

　編集パネルの左端に，マークが現れました．このマークをクリックします．

　画面2.26に示すように，二つのパネルがポップアップします．

　右のパネル最上行の，

> Import' Window'（android.view）

が選択されているので，

> キーボードの[Enter]キー

を押します．すると，**画面2.27**に示すように，必要なセンテンスが自動的に挿入されます．

2.5 タイトルの削除

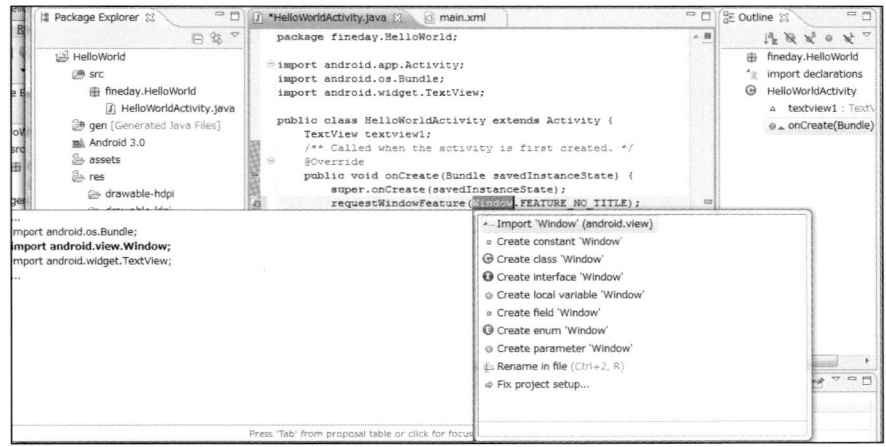

画面 2.26 二つのパネル

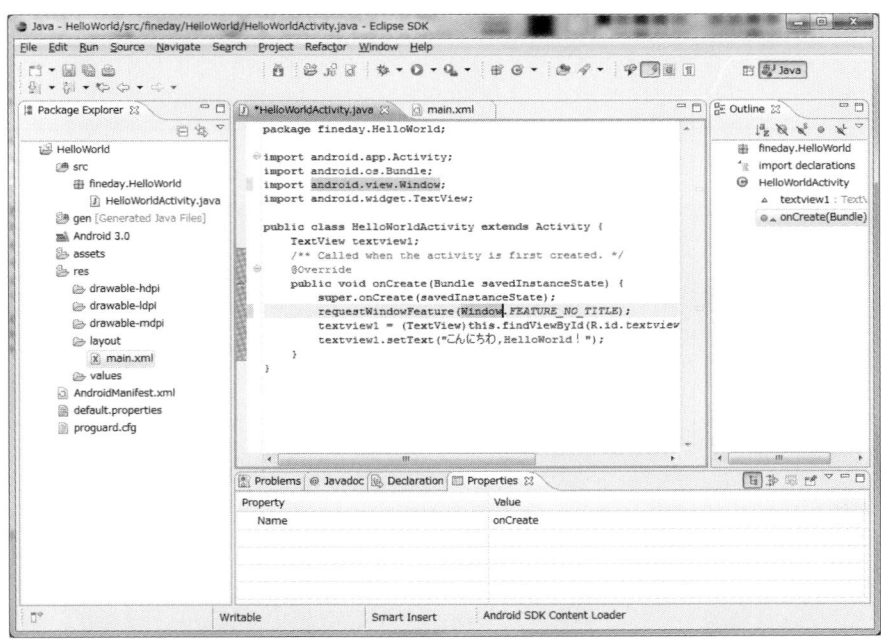

画面 2.27 センテンスの自動挿入

リスト 2.2 に，全プログラムを示します．
プログラムをタブレットにダウンロードして，実行してみます．
画面 2.28 に示すように，タイトルが削除されました．

31

リスト2.2 全プログラム

```
package fineday.HelloWorld;
import android.app.Activity;
import android.os.Bundle;
import android.view.Window;
import android.widget.TextView;
public class HelloWorldActivity extends Activity {
TextView textview1;
    /** Called when the activity is first created. */
    @Override
    public void onCreate(Bundle savedInstanceState) {
        super.onCreate(savedInstanceState);
        requestWindowFeature(Window.FEATURE_NO_TITLE);
        setContentView(R.layout.main);
        textview1 = (TextView)this.findViewById(R.id.textview1);
        textview1.setText("こんにちわ,HelloWorld!");
    }
}
```

画面2.28 タイトルの削除

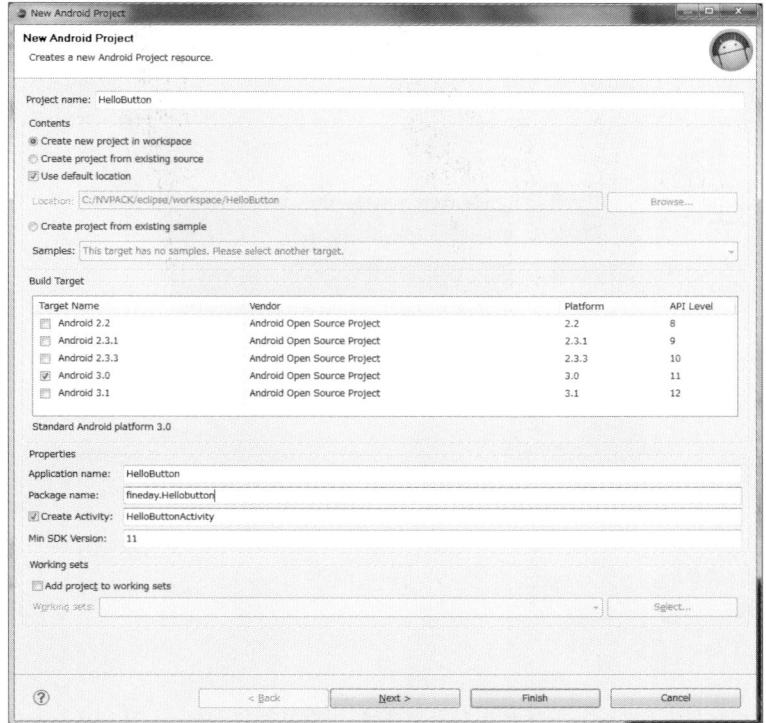

画面 2.29
New Android Project

2.6 ボタン

演習として，タブレット画面上のボタンをタップするとTextViewの文字列を書き換えるプログラムを作成します．

eclipseで新規にプロジェクトを作成します．プロジェクトの名前を，

HelloButton

とします．

画面2.29に示すように，必要な事項を［New Android Project］のダイアログに記載して，［Finish］ボタンをクリックします．

ビューを作成します．

最初に，2.5節において述べた手順に従ってtextview1を作成します．続いて，ボタンを作成します．画面2.30にeclipseの画面を示します．

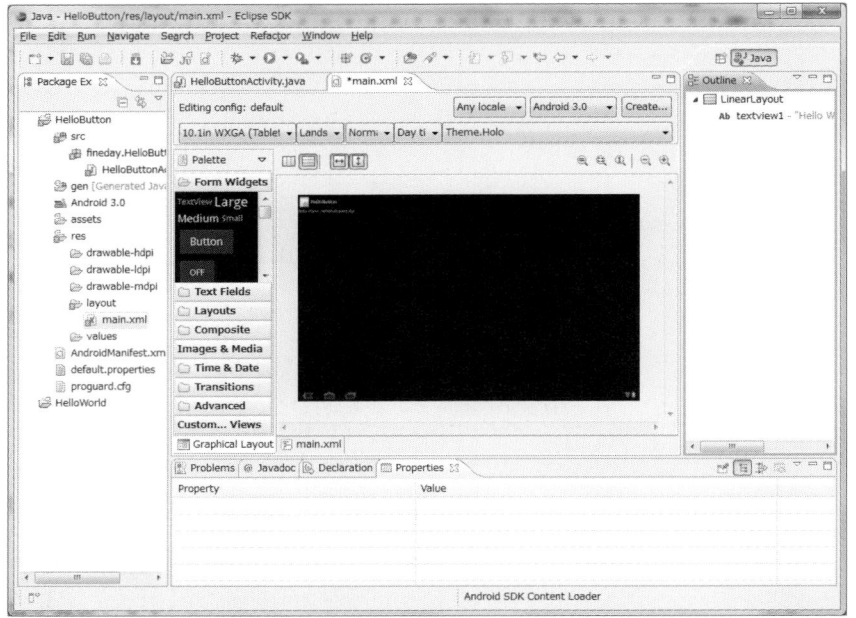

画面 2.30
eclipse の画面

　ここで，編集パネル左の[Palette]のカラムを見ます．最上部に[Form Widgets]のグループがあります．この中に，

[Button]

という文字が見えます．

 注意

　見えていなければ，左のタブを操作して画面をスクロールします．この文字をマウスで掴んで，編集パネルへドラッグ・ドロップします．**画面 2.31** に示すように，編集パネルの画面部にボタンを置きます．

　ボタンは現在，選択された状態になっています．この状態で画面下部の[Properties]のウインドウを見ます．スクロール・ボタンを操作して，**画面 2.32** に示すように[Text]プロパティを見つけます．
　[Text]の[Value]は，デフォルトでは[Button]となっています．これをたとえば，**画面 2.33** に示すように，

2.6 ボタン

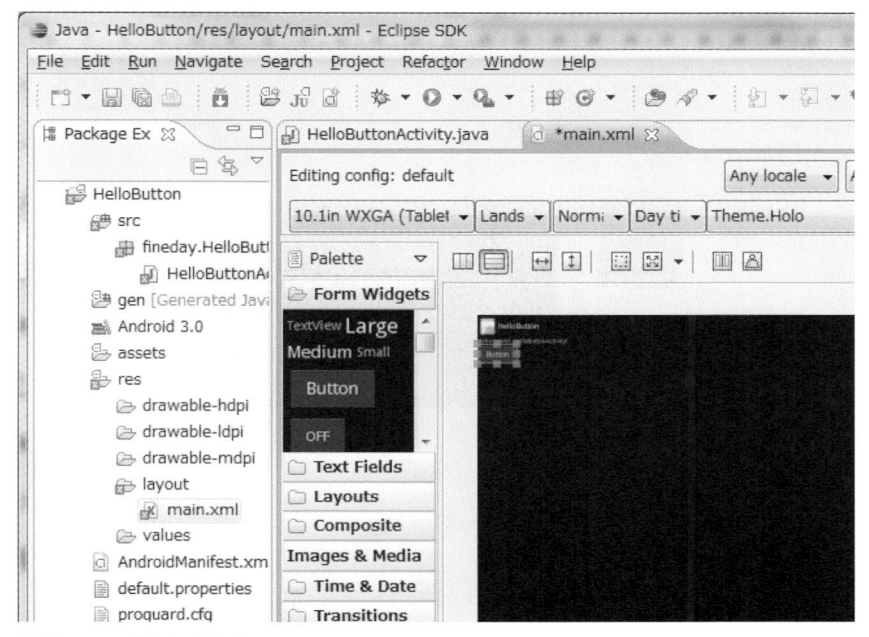

画面 2.31　ボタンの生成

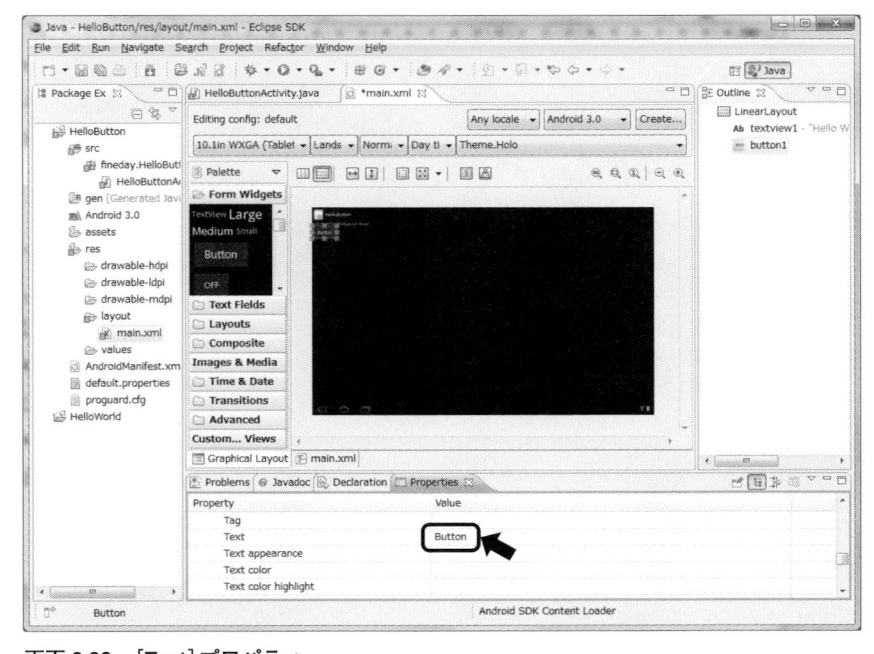

画面 2.32　［Text］プロパティ

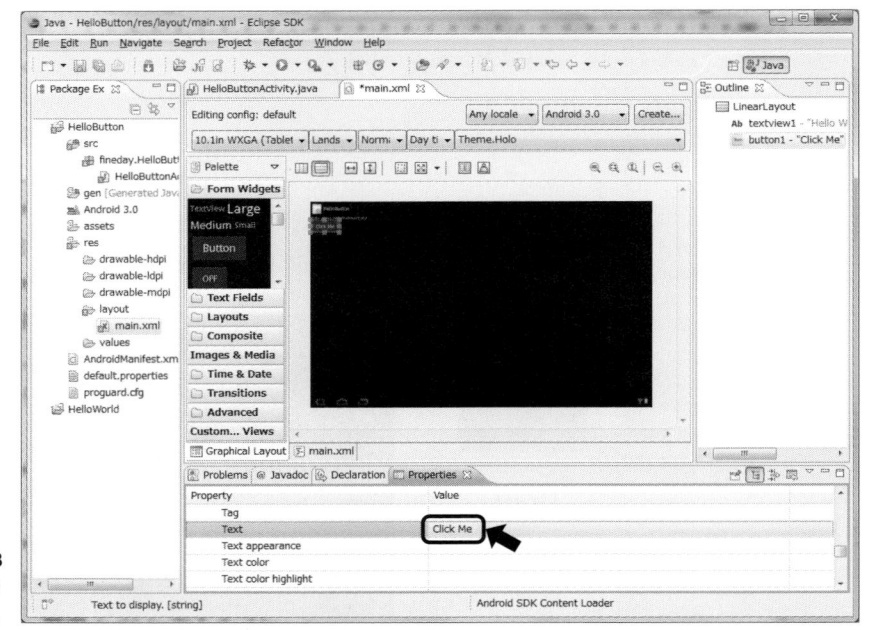

画面 2.33
[Text]の
書き換え

```
Click Me
```

と書き換えます．
　プロジェクトに対して，テキスト・ビューとボタンを追加しました．メインの HelloButtonActivity.java ファイルに，画面 2.34 に示すようにプログラムを記入します．
　リスト 2.3 に，内容を再述します．
　リスト 2.3 のプログラムの説明をします．ボタンからの信号をキャッチするために，インターフェース，

```
implements View.OnClickListener
```

を組み込みます．
　ボタンのインスタンスを，

```
Button button1;
```

として，作成します．

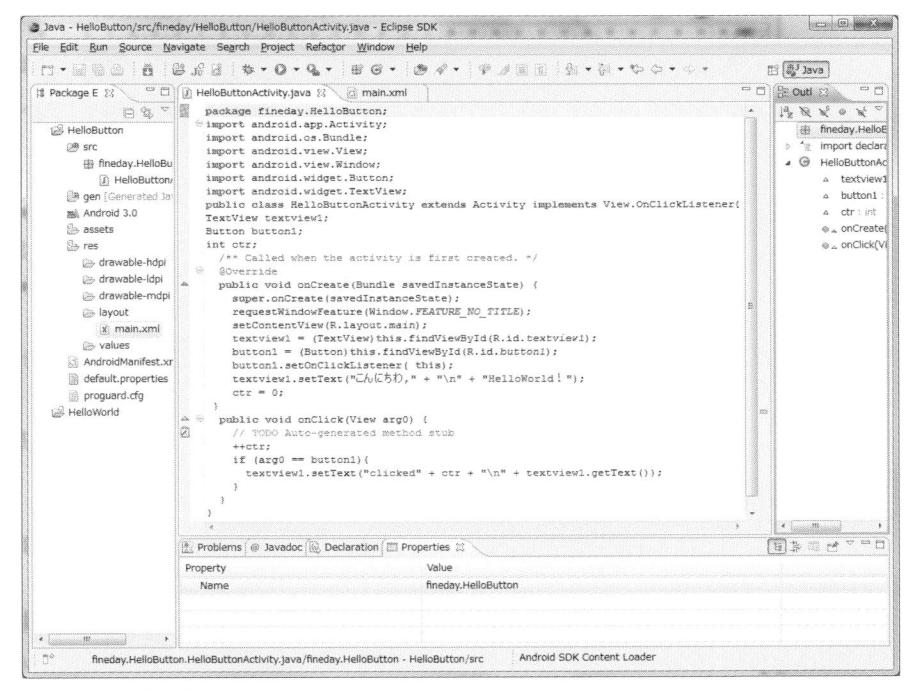

画面 2.34　プログラムの記入

リスト 2.3　テキスト・ビューとボタンを追加した HelloButtonActivity.java（要確認）

```
package fineday.Hellobutton;
import android.app.Activity;
import android.os.Bundle;
import android.view.View;
import android.view.Window;
import android.widget.Button;
import android.widget.TextView;
public class HelloButtonActivity extends Activity implements View.OnClickListener{
    TextView textview1;
    Button button1;
    int ctr;
    /** Called when the activity is first created. */
    @Override
    public void onCreate(Bundle savedInstanceState) {
      super.onCreate(savedInstanceState);
      requestWindowFeature(Window.FEATURE_NO_TITLE);
```

リスト 2.3　テキスト・ビューとボタンを追加した HelloButtonActivity.java（要確認）（つづき）

```
        setContentView(R.layout.main);
        textview1 = (TextView)this.findViewById(R.id.textview1);
        button1 = (Button)this.findViewById(R.id.button1);
        button1.setOnClickListener( this);
        textview1.setText("こんにちわ," + "¥n" + "HelloWorld!");
        ctr = 0;
    }
    public void onClick(View arg0) {
        // TODO Auto-generated method stub
        ++ctr;
        if (arg0 == button1){
          textview1.setText("clicked" + ctr + "¥n" + textview1.getText());
        }
    }
}
```

初期化ルーチンにおいて，

> button1 =（Button）this.findViewById（R.id.button1）；
> button1.setOnClickListener（ this）；

ボタンの信号を onClick（ ）へ結びます．
　onClick（ ）では，クリックの回数をプリントします．
　プロジェクトのビルドは，成功します．
　プログラムを実機へダウンロードします．実機の画面は，**画面 2.35** に示すように変わります．
　ボタン［Click Me］をタップします．**画面 2.36** に示すように，テキスト・ビューの最上列に文字列，

> Clicked1

が挿入されます．
　続けて，ボタンを 3 回タップします．**画面 2.37** に示すように，新規に 3 行，合計 5 行の文字列がプリントされます．
　ここで，タブレット画面下部の［ホーム］ボタンをタップします．画面はホーム画面へ変わります．画

画面 2.35　HelloButton

画面 2.36　最初のタップ

画面 2.37　3回のタップ

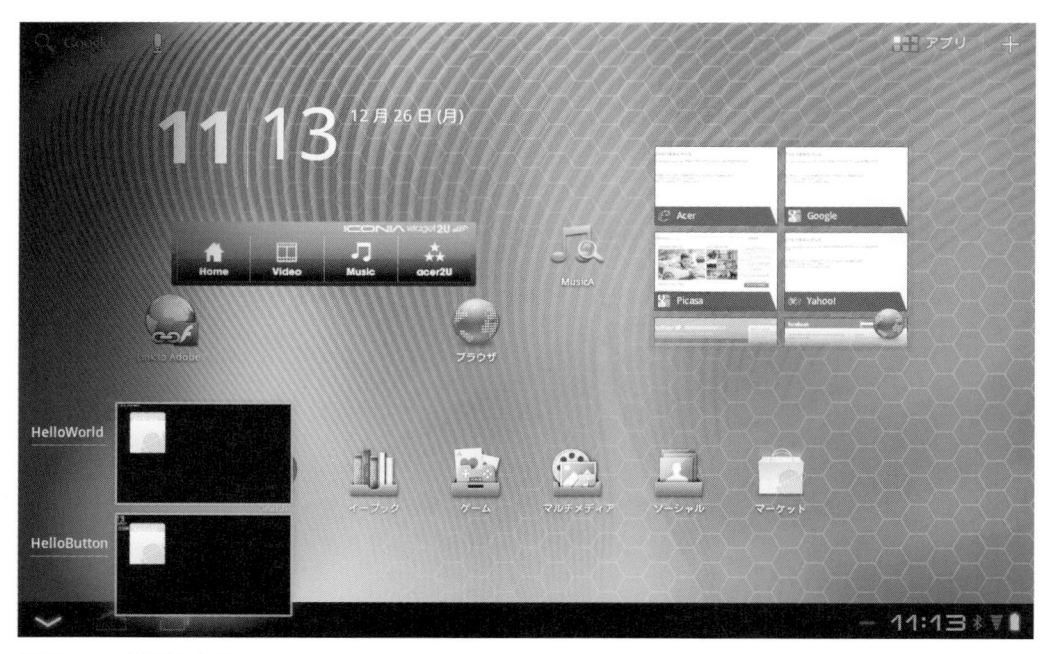

画面 2.38　履歴の表示

図 2.4
無線 LAN 親機

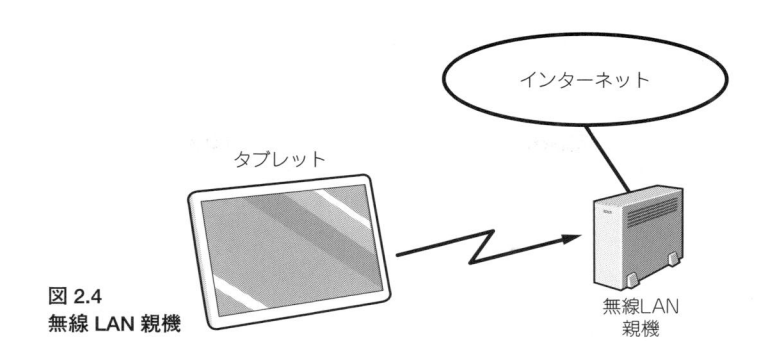

面下部の［履歴］ボタン□をタップします．**画面 2.38** に示すように，履歴が表示されます．

下の HelloButton をタップします．**画面 2.37** の画面が現れます．

今度は，［Back］ボタンをタップします．画面は，ホームへ変わります．そこで［履歴］ボタンをタップして，HelloButton を再起動します．**画面 2.35** の初期画面に変わります．

要約すると，プロジェクトは，

> ［ホーム］ボタンをタップすると，プロジェクトは一時停止
> ［バック］ボタンをタップすると，プロジェクトは終了

することになります．

プロジェクトの再起動は，［履歴］ボタンをタップして，プロジェクトを選択します．

以上，タブレットのプログラムを開発する手順を述べました．

2.7　WiFi 設定

タブレットは，ネットワークに接続して使用するので，タブレットのネットワークに関する機能をチェックします．

インターネットへ接続するために，WiFi 環境を準備します．ここでは親局として，BUFFALO の AirStation を使用しています．タブレットは，AirStation に**図 2.4** に示すように，ワイヤレス（wireless）で，接続します．

まず，タブレット側で WiFi（無線 LAN）の設定を行います．

タブレットを起動します．

初期画面（**画面 2.3**，10 ページ）が開きます．画面右上端に表示されているカタカナの文字列，

第2章　Androidの準備

画面2.39　[マイアプリ]の画面

[アプリ]

をタップします．画面2.39に示すように，[マイアプリ]の画面が開きます．
　この画面に[設定]のアイコンはありません．画面にタッチして，左へ引きます．すなわち，右側の画面を引き出します．すると画面2.40に示すように，右隣の画面が現れます．
　画面左下に，

[設定]のアイコン

があります．このアイコンをタップします．画面2.41に示すように[設定]の画面が開きます．
　右のパネルを見ると，ここに[Wi-Fi 設定]という項目があります．この[Wi-Fi 設定]をタップします．画面2.42に示すように，[無線とネットワーク]のパネルが開きます．
　右のパネルにおいて，文字列，

[Wi-Fi を ON にする]

をタップします．これで画面2.43に示すように無線LANのアクセスポイントに接続しました．

2.7 WiFi 設定

画面 2.40　右隣の画面

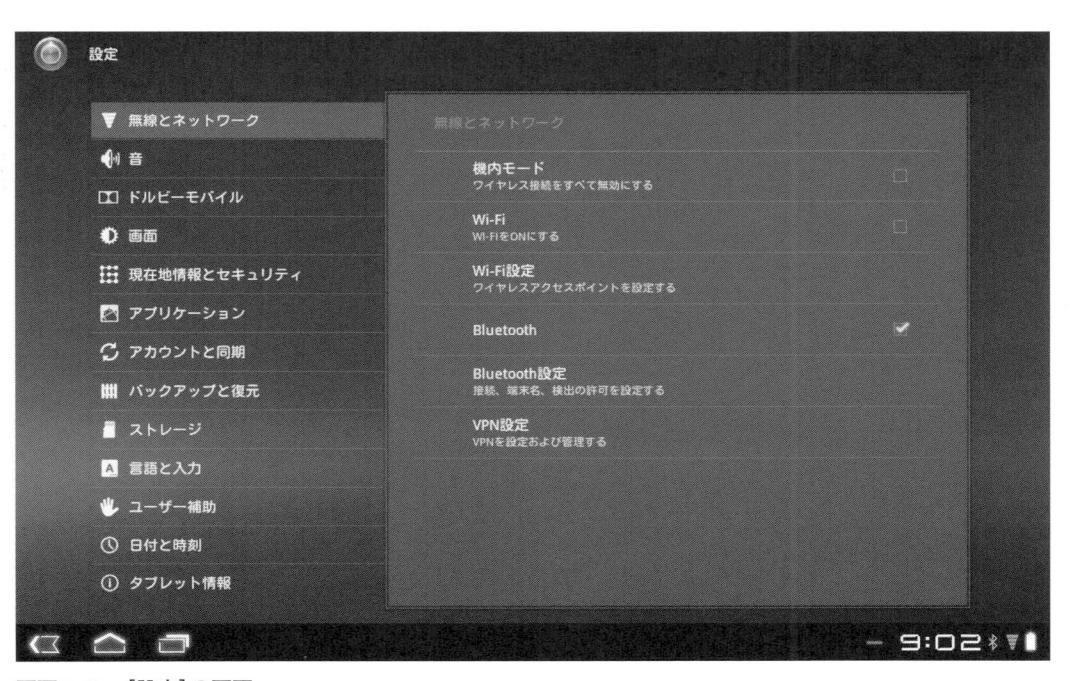

画面 2.41　［設定］の画面

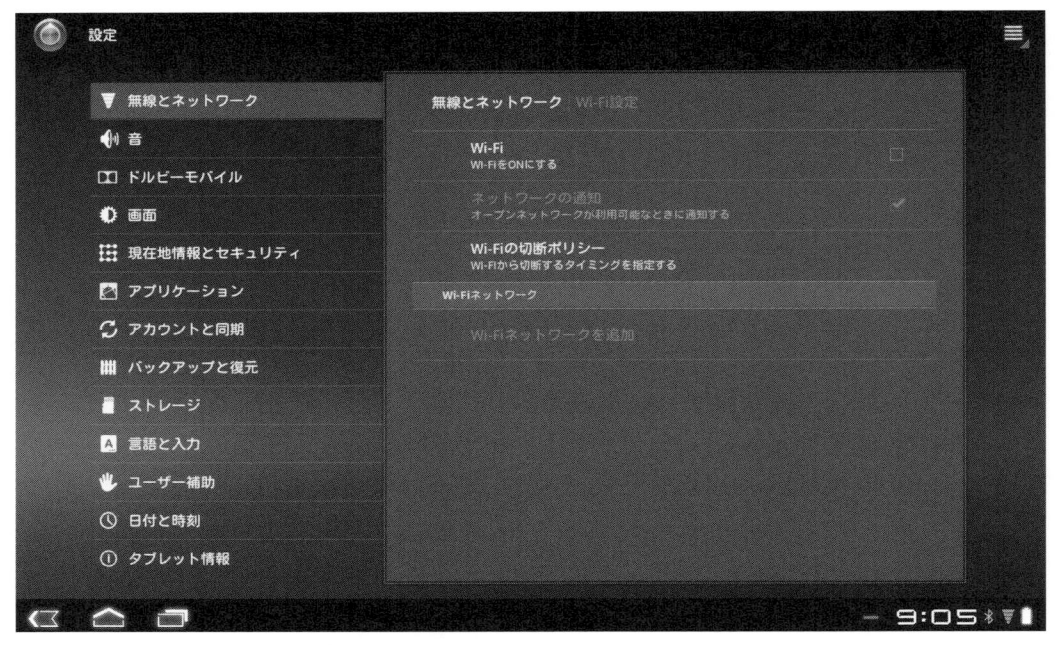

画面 2.42 ［無線とネットワーク］のパネル

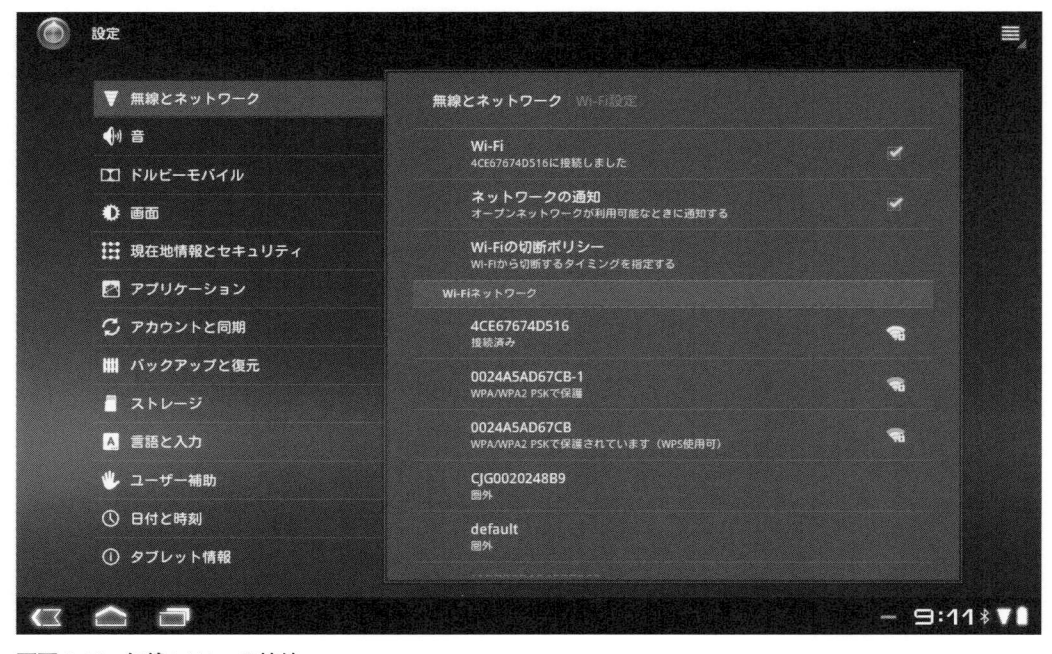

画面 2.43 無線 LAN への接続

―――――――――――――――――――――――――――――――― 2.7　WiFi 設定 ――

> **注意**
> 　無線 LAN へ接続する手順は，使用する無線 LAN 親局の仕様によって異なる場合があります．また，個人情報も含まれるので，ここで詳細を記述することはできません．各自の環境に応じて，必要な手続きを行ってください．

　画面左下の，

［ホーム］ボタン

をタップすると，初期画面（**画面 2.3**）へ戻ります．
　無線 LAN が正常に作動しているか，チェックします．画面中央の［ブラウザ］のアイコンをタップします．**画面 2.44** に示すように，Google の検索サイトへ接続しました．
　確かにインターネットに接続しているようです．テキスト・ボックスを指でタップします．**画面 2.45** に示すように，キーボードがポップアップします．
　このキーボードを使って，**画面 2.46** に示すように，たとえば，CQ 出版社の URL を入力します．
　CQ 出版社が検索されました．社名の部分をタップすると，**画面 2.47** に示すように CQ 出版社のホー

画面 2.44　URL の入力画面

画面 2.45　キーボード

画面 2.46　CQ 出版社の URL

画面 2.47　CQ 出版社のホームページ

ムページが開きます．

以上，タブレットのネットワーク機能が正常に動作していることを確認しました．

2.8　Android Debug Bridge

NVPACK のツールは，NVIDIA が Tegra のための機能を追加したと述べました．そこで，ツールとして cygwin を取り上げて実例を示します．

しかしここで，cygwin の一般論を述べることはできません．読者は Linux のコマンド・ツールに関して，最小限，入門段階の知識を持っていると仮定します．必要ならば，別途，勉強してください．

cygwin のコマンドに対して NVIDIA は，

ADB（Android Debug Bridge）

というコマンドを追加しています．ADB は，cygwin の機能をタブレットに対して拡張します．ADB のコマンドを実行すると，cygwin のコマンドラインからコマンドを打ち込んで，タブレットで作業を進めることができます．

画面 2.48　cygwin の初期画面　　　　　　　　　画面 2.49　スタート時のディレクトリ

　すなわち，ADB は cygwin のターゲットを PC からタブレットへ切り替えます．
　この ADB をウインドウ化するプログラムが TADP にあります．私が調べた範囲内では，移植は現在進行形です．移植が進んだ段階でこちらに乗り換えると良いでしょう．
　TADP をインストールすると，デスクトップに**画面 2.32**（35 ページ）に示すように，cygwin のアイコンが置かれます．このアイコンをダブルクリックして cygwin を開きます．**画面 2.48** に示すように cygwin の初期画面が開きます．
　cygwin 起動時のディレクトリを調べます．コマンドラインから，

```
$ pwd
```

と入力します．**画面 2.49** に示すようにディレクトリが表示されます．
　cygwin 起動時のディレクトリは，

```
C://NVPACK/cygwin/home/okawa/
```

です．これが cygwin における私のホーム・ディレクトリです．
　エディタを使って，ファイル，

```
PC.txt
```

を作成して，このディレクトリへ格納しました．

画面 2.50　ファイル名のプリント

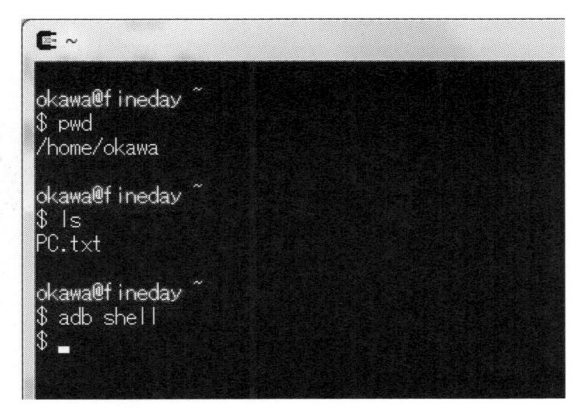

画面 2.51　タブレットへ切り替え

> **注意**
> このディレクトリは，PC のディレクトリです．タブレットのディレクトリではありません．

cygwin のコマンドラインから，

```
$ ls
```

と入力します．**画面 2.50** に示すように，ファイル名がプリントされます．

以上，cygwin の使用の一例を示しました．

それでは本題へ入ります．cygwin のターゲットを PC からタブレットへ切り替えます．

cygwin のコマンドラインから，

```
$ adb shell
```

と入力します．**画面 2.51** に示すように，cygwin のターゲットは，PC からタブレットへ切り替わります．

以下，コマンドラインへ打ち込むコマンドは，タブレットに対して実行されます．PC ではありません．ここが最重要ポイントです．

ターゲットがタブレットの状態において，コマンドラインから，

```
$ pwd
```

画面 2.52
タブレットのホーム

画面 2.53
タブレットのディレクトリ

画面 2.54　ディレクトリの表示

と入力します．**画面 2.52** に示すように，タブレットの最上位のディレクトリがプリントされます．
　コマンドラインから，

```
$ ls
```

と入力します．**画面 2.53** に示すように，タブレットのディレクトリがプリントされます．ディレクトリ表示の構造は，PC の場合と異なります．たとえば，**画面 2.53** の最下行のディレクトリへ移動してみましょう．コマンドラインから，

```
$ cd vendor
```

と入力し，続いて，

```
$ pwd
```

と入力します．**画面 2.54** に示すように，ディレクトリがプリントされます．
　これを見ると，vendor ディレクトリはタブレットの system 内にあります．
　コマンドラインから，

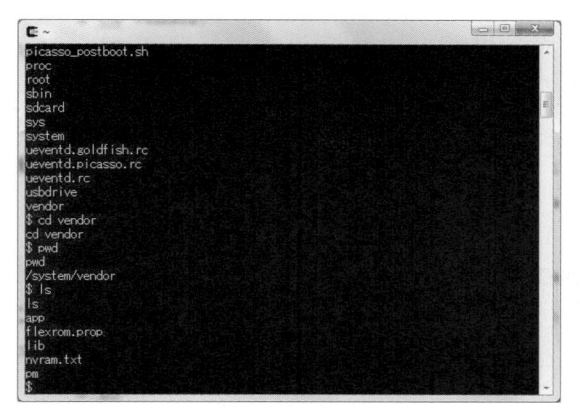

画面 2.55 ディレクトリの内容

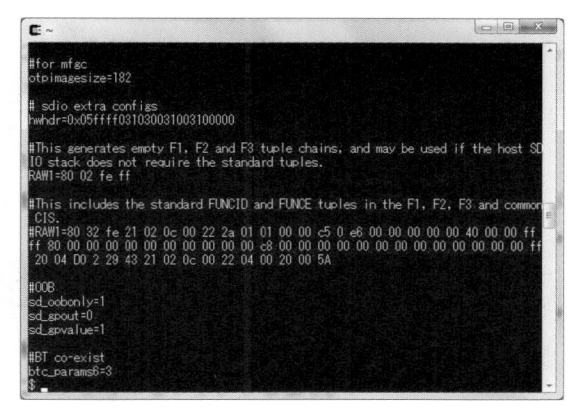

画面 2.56 ファイルのプリント

```
$ ls
```

と入力します．**画面 2.55** に示すように，vendor ディレクトリの内容がプリントされます．

画面を見ると，テキスト・ファイルがあります．このファイルをプリントします．

コマンドラインから，

```
$ cat nvram.txt
```

と入力します．**画面 2.56** に示すように nvram.txt がプリントされます．

続いて，cygwin と ADB を連携して，ネットワーク機能をチェックします．

システムの構成は，すでに**図 2.4**（41 ページ）に示しました．親局は BUFFALO の AirStation です．パソコンは AirStation とイーサネット・ケーブルで接続します．ICONIA タブレットは，WiFi によって親局に接続します．

まず，パソコンの IP アドレスを調べます．パソコンの IP アドレスは，

```
［コマンド・プロンプト］
```

を起動して，**画面 2.57** に示すように，コマンド，

```
ipconfig
```

画面 2.57　コマンド

画面 2.58　ping の表示

と打ち込みます．

パソコンに割り当てられている IP アドレスは，

> 192.168.11.2

です．

タブレットから，パソコンに対して，ping を打ちます．cygwin は，ADB のシェルに入った状態です．コマンドラインから

> $ ping 192.168.11.2

と打ち込みます．**画面 2.58** に示すように，ICONIA からパソコンに対して 64 バイトのデータを送受信した結果が表示されます．

パソコンの ping は，4 回送受信して終了します．ADB の ping の送受信は明示的に指示するまで終了しません．何回も続きます．

そこで，キーボードから，

> Ctrl + C

を打ち込んで，コマンドを強制終了しました．

以上，パソコンの cygwin を操作して，タブレットからパソコンに ping を打ちました．

第3章　mbedの準備

mbedを入手して必要な準備作業を行い，簡単なプログラムを書いて，ビルド，実機へインストールして，実行するまでの手順を述べます．

3.1　mbed

mbedを入手します．

私は，秋葉原の秋月電子通商で購入しました（原稿執筆時は5200円でした）．

> **注意**
> 販売店名，金額などは読者に対して具体的な情報を提供するために記すのであり，それを保証したり，推薦したりするものではありません．

箱を開くと，

mbed
USBのケーブル
[Setup Guide] 1枚

が入っていました．

mbedのプログラム開発は，mbedをパソコンに接続して行います．パソコンとmbedは，図3.1に示

図3.1
パソコンとの接続

■ 本書で解説したプログラムなどの関連ファイルを以下のURLからダウンロードすることができます．
http://shop.cqpub.co.jp/hanbai/books/16/16291.html

すように付属の USB ケーブルによって接続します．

　パソコンは，インターネットに接続されていることが必須です．インターネットに接続していない状態で mbed のプログラムを開発することはできません．

　ここでは，Windows 7 のパソコンを使用します．

　mbed のプログラム開発は，OS に依存しません．Mac や Linux でも同様に使用できます．

　mbed のプログラムを開発する際に，ブラウザを使用します．ここでは，マイクロソフトの IE (Internet Explorer) バージョン 9 を使いました．ブラウザは，最新のバージョンを使用します．使用するブラウザによって，手順の細部が異なる場合があります．十分に注意してください．

3.2　ハロー LED

コンピュータ・サイエンスの原則に従って，文字列，

> Hello World!

をプリントするプログラムを作ります……，と言いたいのですが，mbed には文字列を表示する機能はありません．

　mbed の基板に，4 個の LED が組み込まれているので，この中の一つを点滅するプログラムを作成します．これが mbed の，

> Hello LED!

です．厳密に言うと，このプログラムのバイナリは，すでに mbed のサイトで公開されているので，それを実機へダウンロードして実行することになります．

　パソコンは，インターネットに接続した状態とします．mbed を USB ケーブルを介してパソコンへ接続します．mbed 基板の中央付近にある LED が点灯します．

　mbed に USB ケーブルを差し込みます．この USB ケーブルをパソコンに差し込むと，Windows の自動再生機能が働いて，**画面 3.1** に示すようにダイアログがポップアップします．

　このダイアログにおいて，あらかじめ，

> ［フォルダを開いてファイルを表示］

3.2 ハロー LED

画面 3.1 自動再生のダイアログ

画面 3.2 エクスプローラ

が選択されているので，[Enter] キーを押します．すると，**画面 3.2** に示すように Windows の [エクスプローラ] が開きます．

この画面を見ると，新規にディスク，

MBED (E:)

が生成されています．E:ディスクには，HTML ファイル，

MBED

55

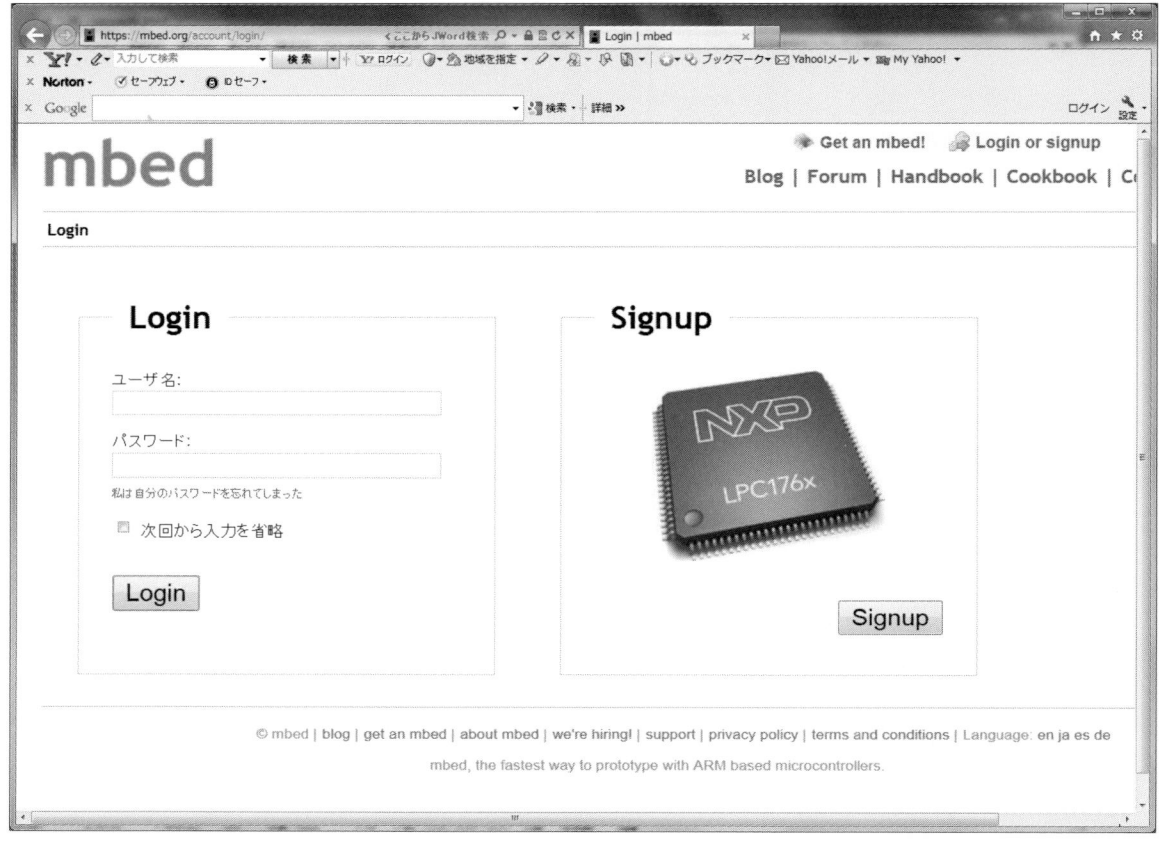

第3章　mbedの準備

画面3.3　MBEDのログイン画面

が格納されています．

　要するに，mbedの基板は一つのディスクとして認識されていることになります．

> **注意**
> ディスクに割り当てられる記号（この場合，E:）は，パソコンの使用状況によって，変わります．

　エクスプローラの画面に表示されているファイル，

```
MBED
```

を，マウスで右クリックして，このファイルを開きます．ブラウザが起動して**画面3.3**に示すように，

```
https://mbed.org/account/login/
```

が開きます.

　画面右半分は「ユーザ登録」のパネル，左半分は「ログイン」のパネルです．初めての場合は「ユーザ登録」パネル，

```
［Signup］ボタン
```

をクリックします．ユーザ登録の画面へ移ります．

　ユーザ登録の画面において，

```
メールのアドレス
ユーザ名（ログインする際に使います）
パスワード（ログインする際に使います）
パスワード
姓
名
```

を記入して，登録します．

　登録済みの場合は，**画面 3.3** の左側の［Login］ボタンをクリックして，ログインします．**画面 3.4** に示すように，mbed の最初のページが開きます．

　以下，このページを，

```
［mbed のホームページ］
```

あるいは，単に，

```
［ホームページ］
```

と呼びます．ページ中央下部に，かこみ，

第3章　mbedの準備

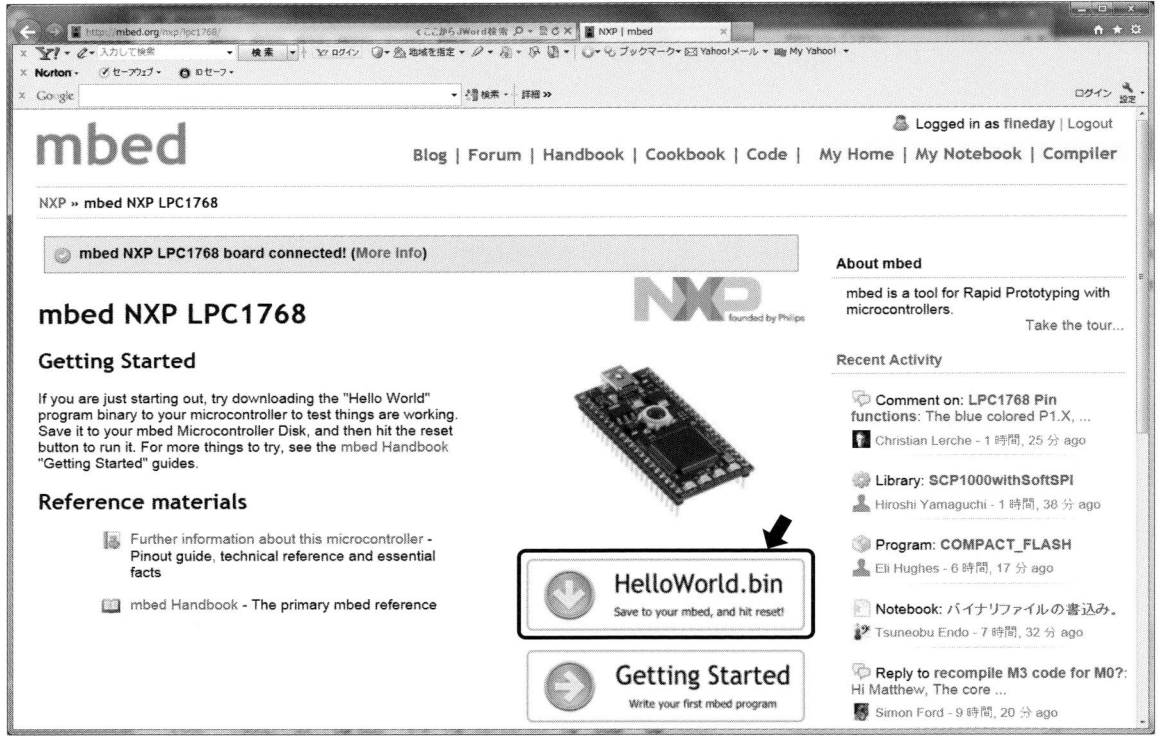

画面 3.4　mbed の最初のページ

```
[HelloWorld.bin]
```

があります．これをクリックすると，このファイルを［Open］，あるいは［Save］というメッセージがポップアップするので，

```
[Save]
```

を選択します．エクスプローラを開いて調べると，**画面 3.5** に示すようにファイル，

```
HellowWorld_LPC1768.bin
```

は，［ダウンロード］のディレクトリに入っています．

3.2 ハロー LED

画面 3.5 bin ファイルのダウンロード

画面 3.6 bin ファイルのコピー

このファイルをマウスで掴んで，**画面 3.6** に示すように MBED のディスクへコピーします．

以上の操作によって，ハロー・ワールドのプログラムを mbed の URL からダウンロードして，それを mbed 実機へインストールしました．

それでは，mbed でこのプログラム，

HelloWorld

を実行します．mbed 基板中央のリセット・スイッチを押します．

プログラムはスタートして，**図 3.2** に示した場所の LED が点滅します．

このプログラムは，LED の点滅を永遠に繰り返します．停止しません．そこで終了させるときは，強制的にプログラムを停止します．

画面 3.6 において，ファイル，

HellowWorld_LPC1768.bin

第 3 章　mbed の準備

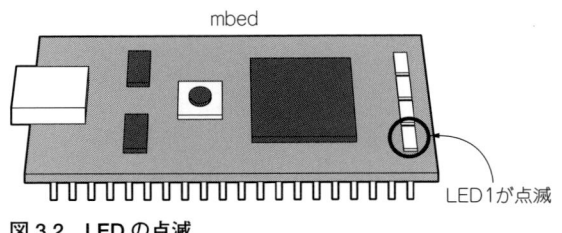

図 3.2　LED の点滅

をあらかじめ削除します．mbed のリセット・ボタンを押します．

> **！注意**
> ファイルを削除せずにリセット・ボタンを押すと，同じプログラムが再度実行されます．

　mbed をパソコンへ接続して，インターネットからバイナリをダウンロードし，実機へインストールして実行しました．mbed 実機において，LED が点滅するのを確認しました．
　参考文献 1，参考文献 2 においても，mbed をスタートする手順が詳しく述べられています．参考にしてください．

3.3　初めてのプログラミング

　mbed のプログラムを作成する手順を述べます．mbed のホームページ（**画面 3.4**，58 ページ）を見てください．画面の右上に，

```
…｜My Home｜My Notebook｜Compiler
```

とタブが並んでいます．最右端のタブ，

```
［Compiler］
```

をクリックします．**画面 3.7** に示すように［Compiler］の画面が開きます．
　Compiler の画面においてツール・バー最左端の，

```
［New］
```

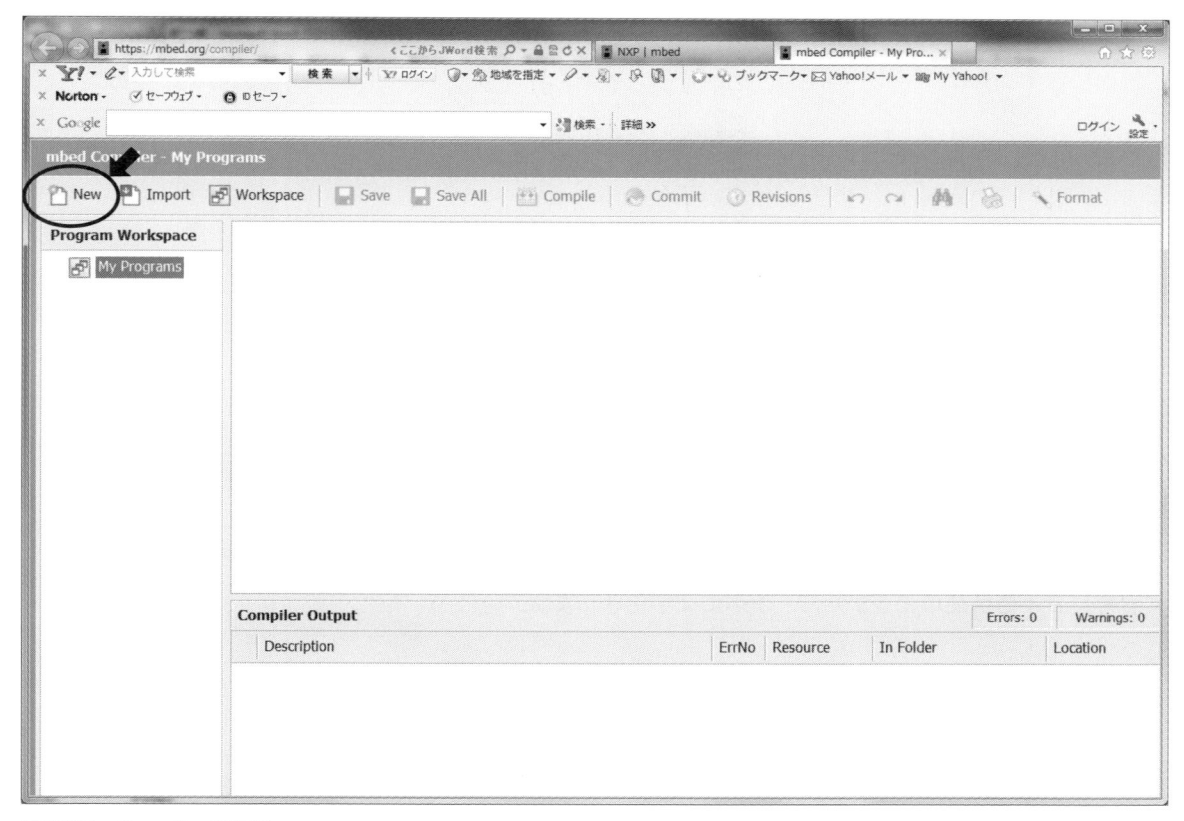

3.3 初めてのプログラミング

画面 3.7　Compiler の画面

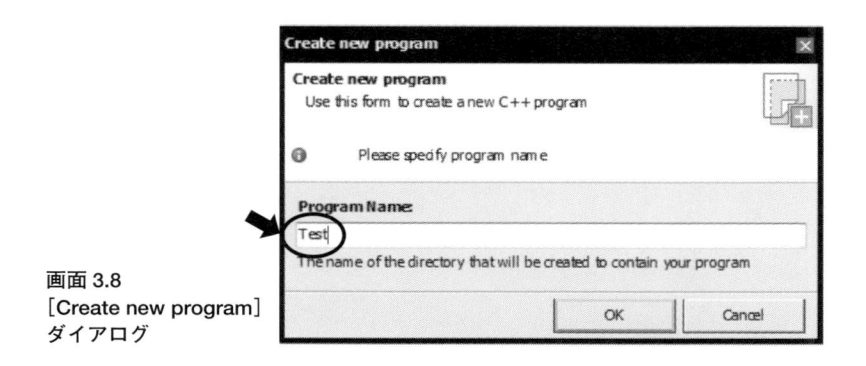

画面 3.8
[Create new program]
ダイアログ

をクリックします．画面 3.8 に示すように，

[Create new program] ダイアログ

が開きます.
　画面に示すように,

> [Program Name]

のテキスト・ボックスにプログラムの名前,ここでは,

> Test

を記入します.

> **注意**
> 本稿執筆時点（2012 年 1 月）では,mbed のコンパイラは日本語に対応していません.コメントを含めて日本語は使用できません.すべて文字化けします.

　プログラムの名前を記入したら,ダイアログ下部左の[OK]ボタンをクリックします.**画面 3.9** に示すように,mbed のコンパイラに Test という名前のプロジェクトが生成されます.
　左コラムの,

> [Program Workspace]パネル

を見ると,主プログラムのファイルとして,

> main.cpp

が生成されています.その下に,ライブラリ,

> mbed

がインポートされています.ファイルの添え字は,

> ***.cpp

3.3 初めてのプログラミング

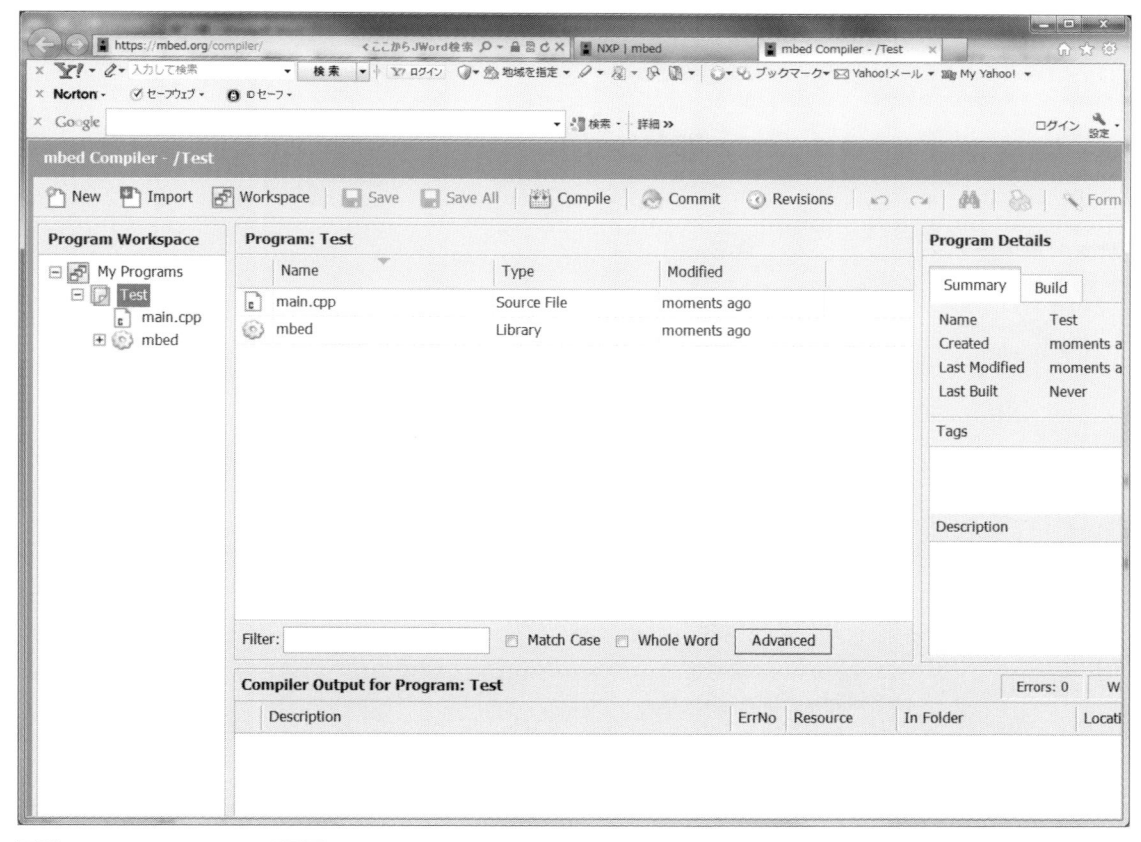

画面 3.9 mbed compiler の画面

なので，プログラミング言語は C++ です．

[Program Workspace]のコラムにおいて，文字列，

[main.cpp]

をクリックします．**画面 3.10** に示すように，中央の編集パネルに main.cpp が開きます．

これを見ると，前節において使用した HelloWorld がデフォルトのテンプレートになっていることがわかります．念のために main.cpp の内容を**リスト 3.1** に示します．

main.cpp のプログラムを説明します．まず，ヘッダ・ファイル，

mbed.h

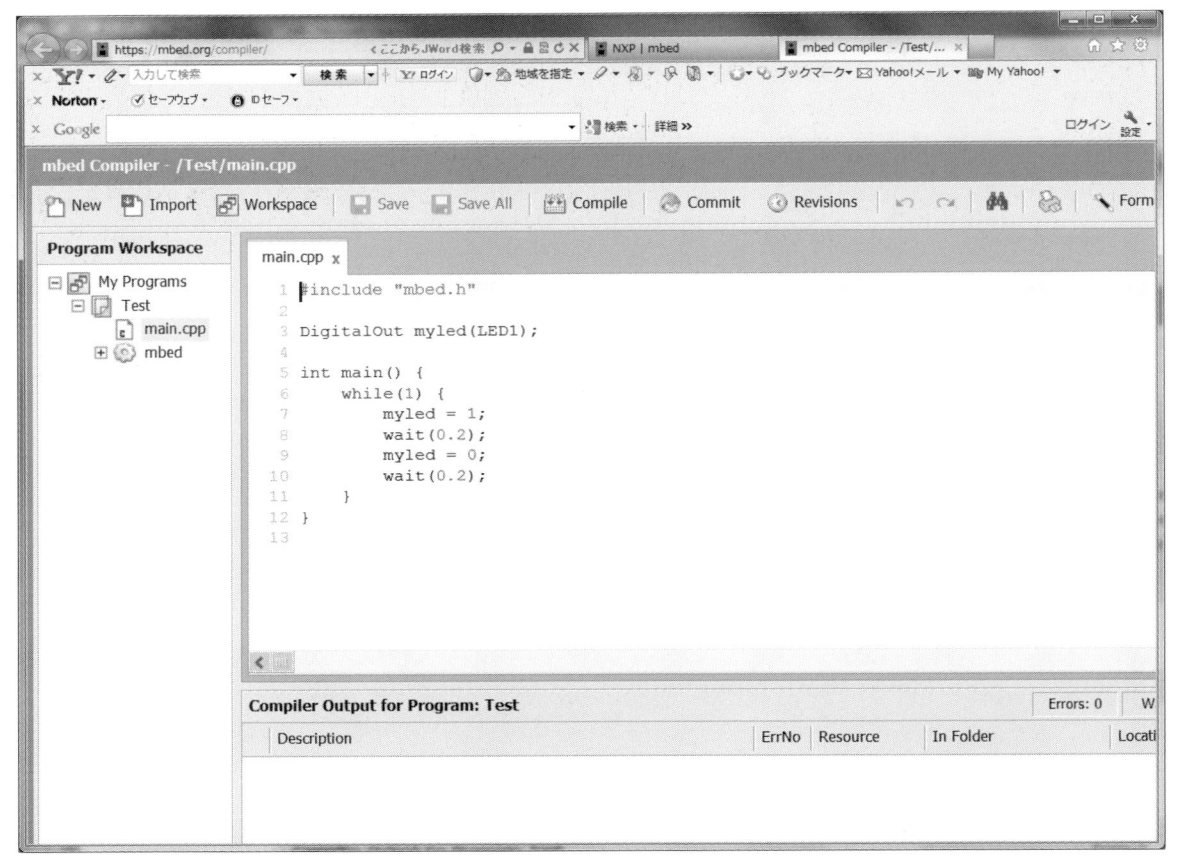

画面 3.10　プログラムのテンプレート

リスト 3.1　main.cpp

```
#include "mbed.h"
DigitalOut myled(LED1);
int main() {
    while(1) {
        myled = 1;
        wait(0.2);
        myled = 0;
        wait(0.2);
    }
}
```

3.3 初めてのプログラミング

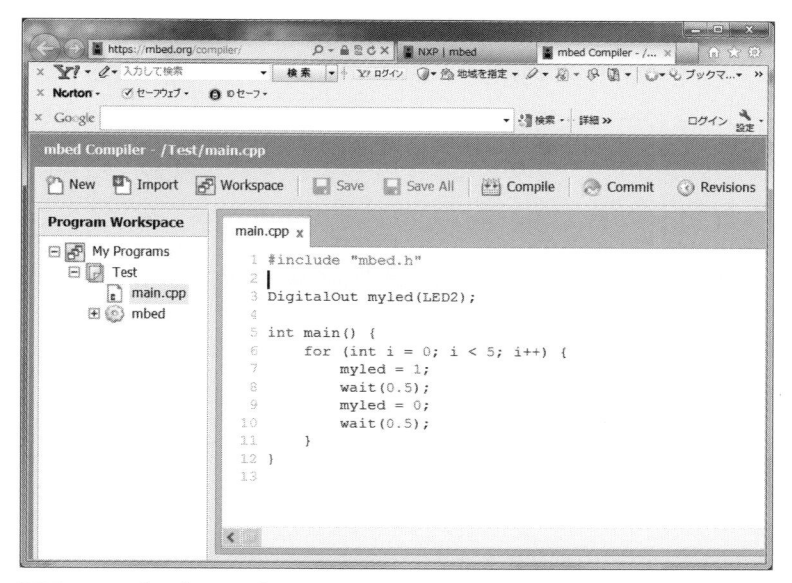

画面 3.11　プログラムの変更

をインクルードします．次いで，DigitalOut クラスのインスタンス，

> myled

を生成します．生成の際に，コンストラクタに対して，

> LED1

を指定します．while 文に入って，

> myled を 0.2 秒点灯

続いて，

> myled を 0.2 秒消灯

します．この手続きを無限に繰り返します．プログラムを**画面 3.11** に示すように変更します．

第3章 mbedの準備

リスト3.2 変更後のmain.cpp

```
#include "gmbed.h"
DigitalOut myled(LED2);
int main() {
    for (int i = 0; i < 5; i++) {
        myled = 1;
        wait(0.5);
        myled = 0;
        wait(0.5);
    }
}
```

念のために，変更したプログラムをリスト3.2に示します．
点灯するLEDを，

LED1 → LED2

と変更しました．
　繰り返しの回数を5回に制限して，プログラムは終了するようにしました．点滅の回数を数えるために，サイクルを1秒とします．
　ツール・バーの，

Compile

をクリックします．画面3.12に示すように，選択画面がポップアップするので，

[Save]

をクリックします．
　選択画面が画面3.13に示すように変わるので，

[Open folder]

―― 3.3 初めてのプログラミング ――

画面 3.12　選択画面

画面 3.13　選択画面

画面 3.14　ダウンロードのディレクトリ

第3章　mbedの準備

画面 3.15　mbedへコピー

図 3.3　LED2の点滅

画面 3.16　エクスプローラ

をクリックします．

画面 3.14 に示すように，エクスプローラの［ダウンロード］ディレクトリが開きます．

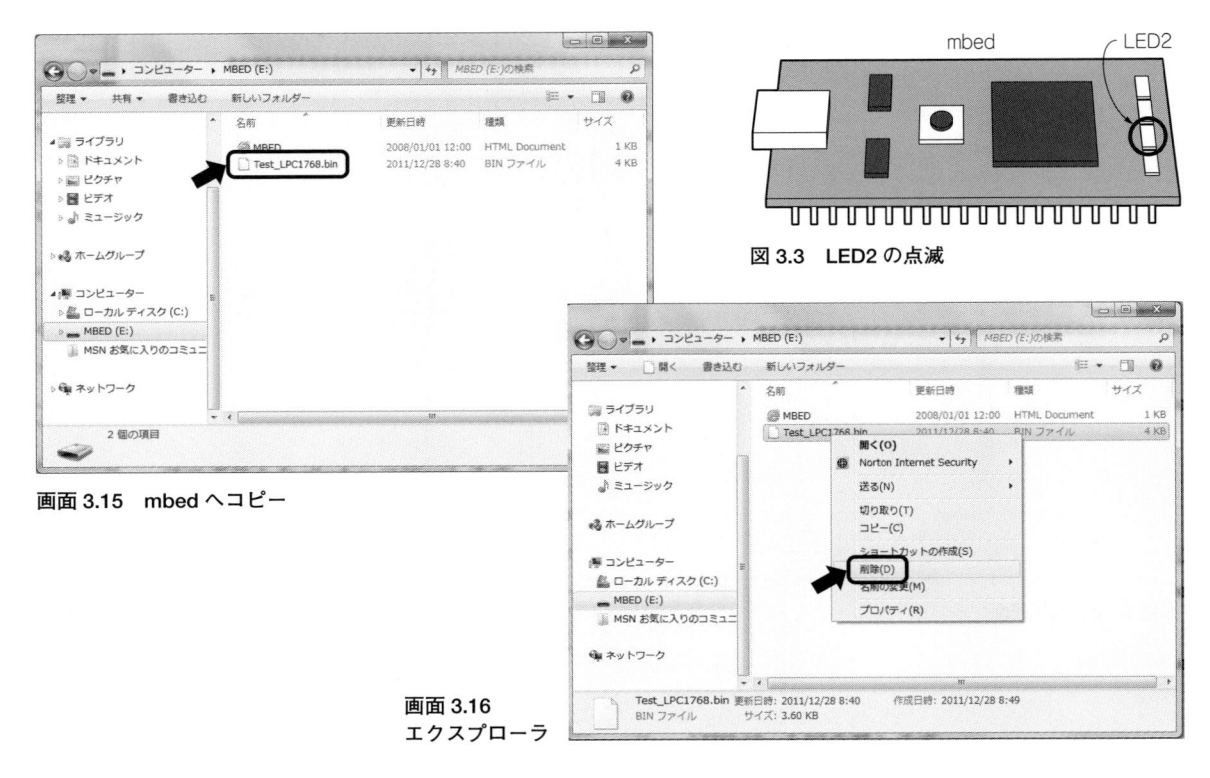

画面を見ると，確かに，ファイル，

Test_LPC1768.bin

が，ダウンロードされています．このプログラムをmbedへロードします．**画面 3.15** に示すように，ファイルをmbedのディレクトリへコピーします．

プログラムを実機のプログラム・メモリに書き込みました．

mbedでプログラムを実行してみます．mbedのリセット・スイッチを押します．**図 3.3** に示したLED2が5回点滅します．

再度mbedのリセット・スイッチを押します．LED2は，5回点滅します．

エクスプローラを開いて，**画面 3.16** に示すように，マウスでTest_LPC1768.binを右クリックします．

ポップアップ・メニューの削除をクリックします．**画面 3.17** に示すように［ファイルの削除］のダイアログがポップアップします．

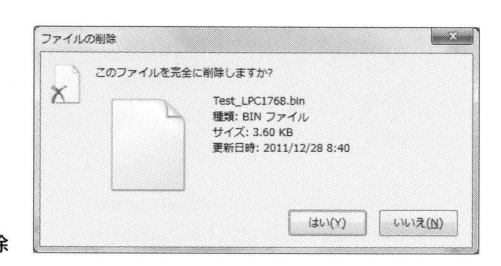

画面3.17
ファイルの削除

　［はい］ボタンをクリックします．これでファイルは削除されます．ここで，mbedのリセット・スイッチを押してみてください．LEDの点滅はありません．プログラムがmbedから削除されたことを確認できました．

3.4　文字列の表示

　mbedに限ることではありませんが，一般に，コンピュータのプログラムを新規に作成する場合，作成したプログラムのデバッグが必要になります．デバッグなしでプログラムを作ることは，事実上不可能です．プログラムをデバッグする際に，最も原始的な手段として，プログラム内にプリント文を埋め込むという方法があります．

　たとえば，プログラムにおいて，

```
…
…
printf("%d",int1);
…
…
```

などと，プリント文を挿入すると，その時点における変数int1の値を知ることができます．原始的な方法ですが，とくに設備を必要としないので，プログラマの熟練度が高いときには，有効です．

　ただし，当然，文字列を表示するデバイス，たとえば，ディスプレイはミニマムとして必要です．mbedの基板には，文字列を表示するデバイスはありません．

　しかし，mbedのプログラムを開発する際には，必ずパソコンとUSBケーブルを介して接続します．この接続を逆用して，mbedからパソコンへ文字列を送信します．

　送信した文字列をパソコンのディスプレイに表示すれば，mbedにおける変数の値をキャッチすること

第3章　mbed の準備

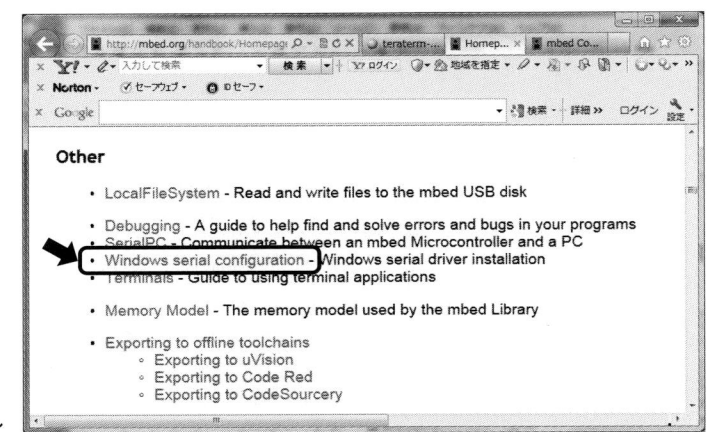

画面 3.18
[Other] セクション

ができます.

では，実際にプログラムを作成してみます．USB ケーブルを介して，mbed からパソコンに対して，文字列，

Hello World

を転送し，その文字列をパソコンの画面に表示します．いくつかの準備が必要なので，以下にその手順を述べます．

まず，Windows に対して，USB ケーブルから送られてくる文字列を捕らえるドライバをインストールします．このドライバは mbed のサイトに用意されているので，これをダウンロードして，インストールします．

mbed のホームページ（**画面 3.4**，58 ページ）で，タブ，

[Handbook]

をクリックします．画面をスクロールすると，**画面 3.18** に示すように，セクション

[Other]

に至ります．

ここで，

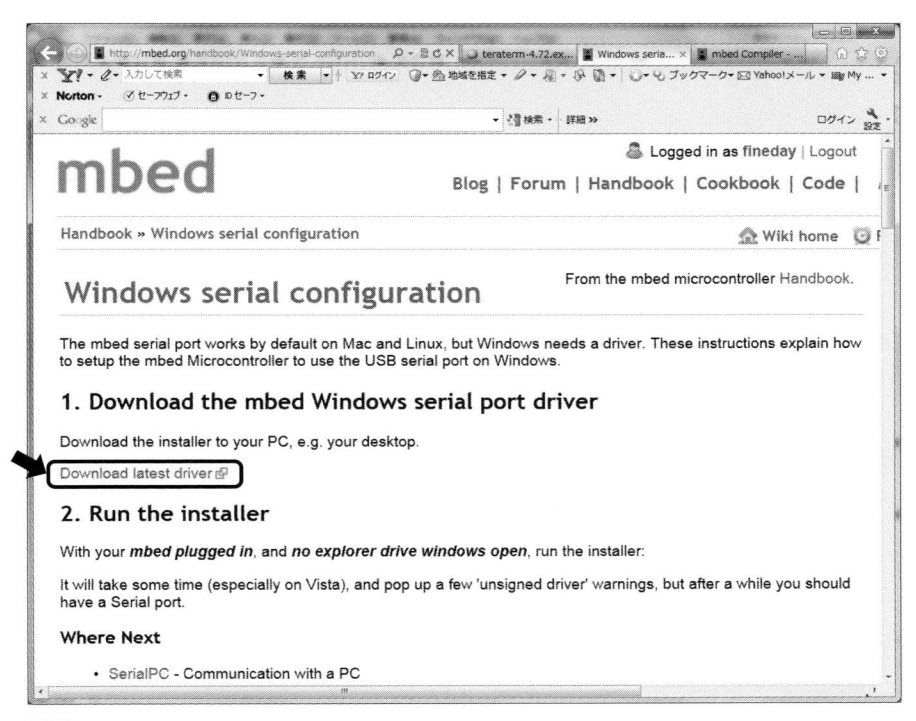

画面 3.19 Windows serial configuration

［Windows serial configuration］

をクリックします．画面 3.19 に示すように［Windows serial configuration］のページが開くので，

［Download latest driver］

をクリックします．
画面 3.20 に示すように，パソコンの［ダウンロード］のディレクトリに，ファイル，

mbedWinSerial_16466

がダウンロードされます．
このファイルを解凍します．
以上で，Windows に対して必要なドライバがインストールできました．

第3章　mbedの準備

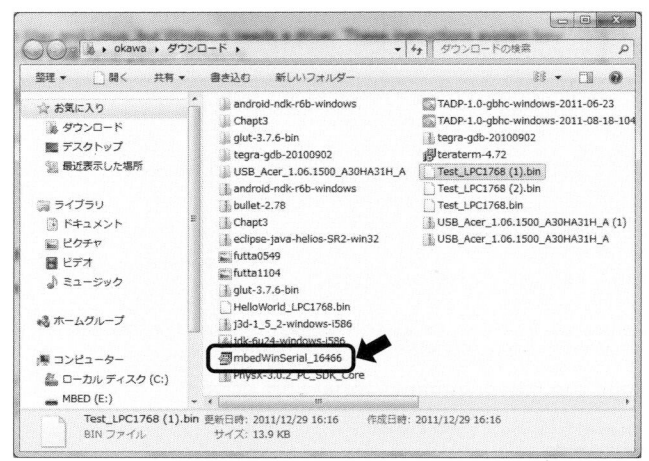

画面 3.20
ドライバのダウンロード

次に，mbed が発信する情報を捕らえて，それを表示するソフトウェアが必要です．
フリーのソフトウェア，

　　Tera Term

を使います．このプログラムの日本語版は，**画面 3.21** に示すように，

　　sourceforge.jp

からダウンロードできます．
　画面において，右端の，

　　［保存］

ボタンをクリックします．**画面 3.22** に示すように，ダウンロードのディレクトリにファイル，

　　teraterm-4.72

がコピーされます．
　これを解凍します．

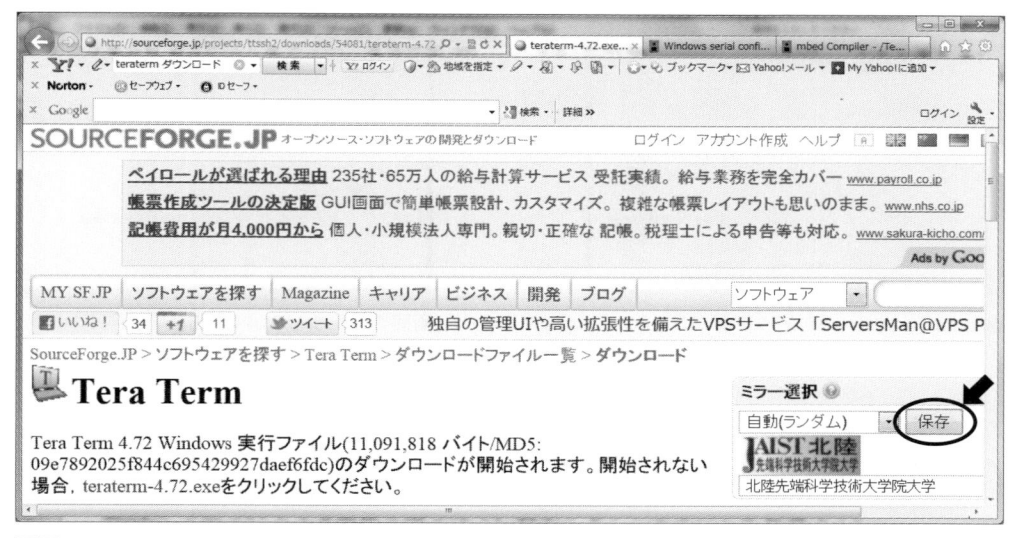

画面 3.21　SOURCEFORGE の画面

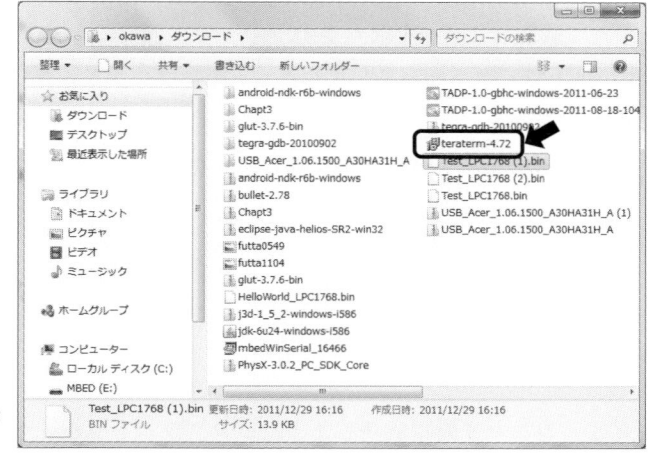

画面 3.22　ダウンロードしたファイル

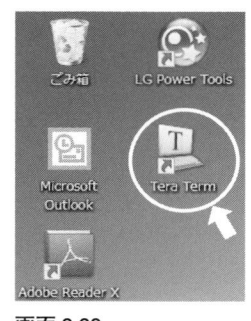

画面 3.23　デスクトップのアイコン

以上，Tera Term をインストールしました．Windows のデスクトップを見ると，**画面 3.23** に示すように Tera Term のアイコンがあります．

これをダブルクリックします．**画面 3.24** に示すように，Tera Term の［新しい接続］ダイアログが開きます．

最初は TCP/IP が選択されているので，**画面 3.25** に示すように，

シリアル

73

第3章 mbedの準備

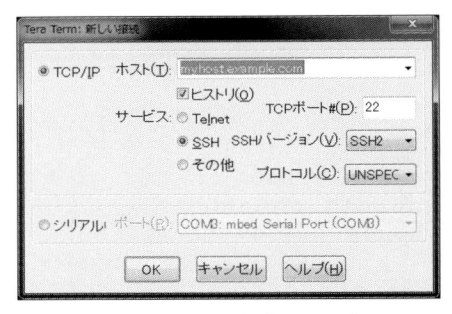

画面 3.24 ［新しい接続］ダイアログ

画面 3.25 シリアルの選択

をクリックして選択します.
　シリアル・ポートとして,

> COM3: mbed Sereal Port (COM3)

と記載されています. 忘れないように紙などにメモを取ります.
　［OK］ボタンをクリックします. 以上で, 準備は完了しました. 実際にプログラムを作って, 正しい結果が得られることをチェックします.
　ブラウザの画面へ戻ります. **画面 3.26** に示すようにプログラムを変更します.
　単純に,

> print 文

を挿入しました.
　プロジェクトをコンパイルします. コンパイルは成功します. プログラムを mbed へ転送して実行します. **画面 3.27** に示すように, Tera Term に結果がプリントされます.
　各行のはじめに繰り返して [Tab] が入るので, これを削除します.
　Tera Term のメニューで, **画面 3.28** に示すように,

> ［設定］

をクリックします.
　ドロップダウン・リストの最上位の,

3.4 文字列の表示

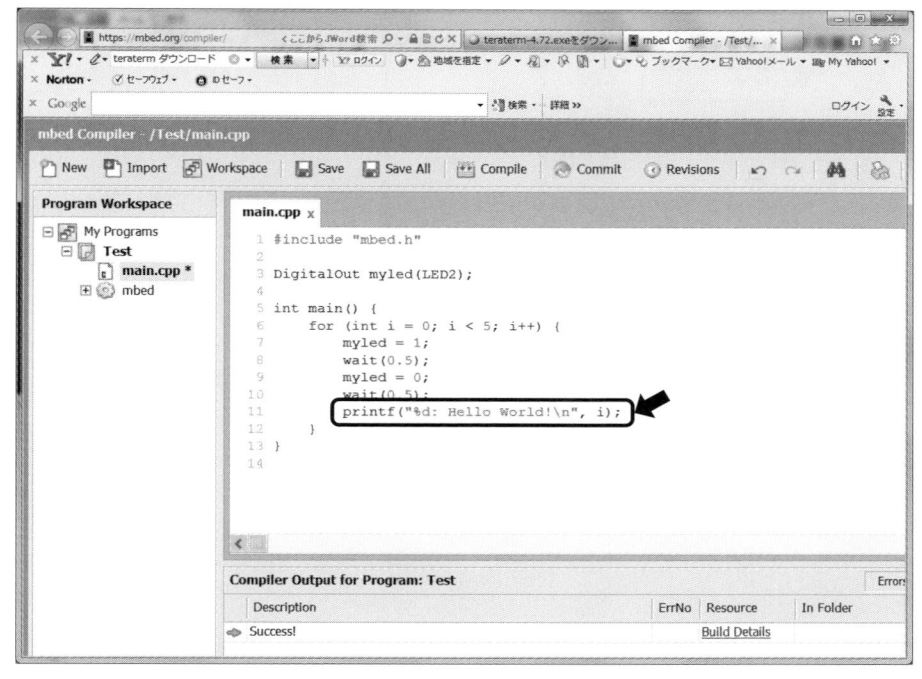

画面 3.26　プログラムの変更

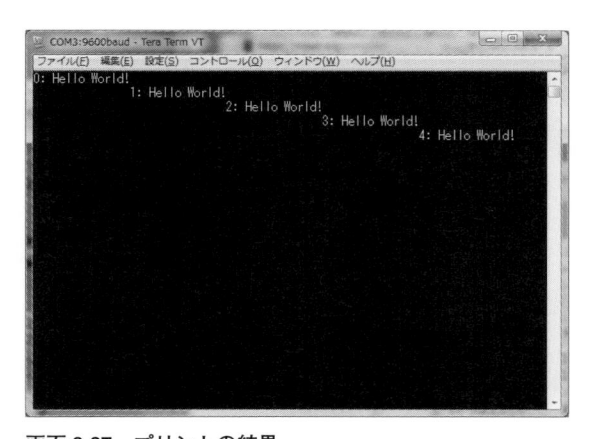

画面 3.27　プリントの結果

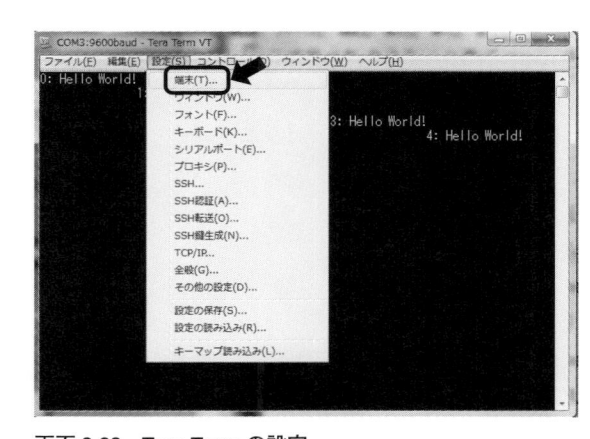

画面 3.28　Tera Term の設定

［端末］

をクリックします．**画面 3.29** に示すように，ダイアログ，

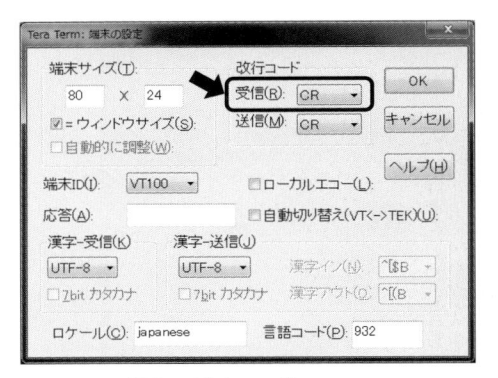

画面 3.29 設定のダイアログ 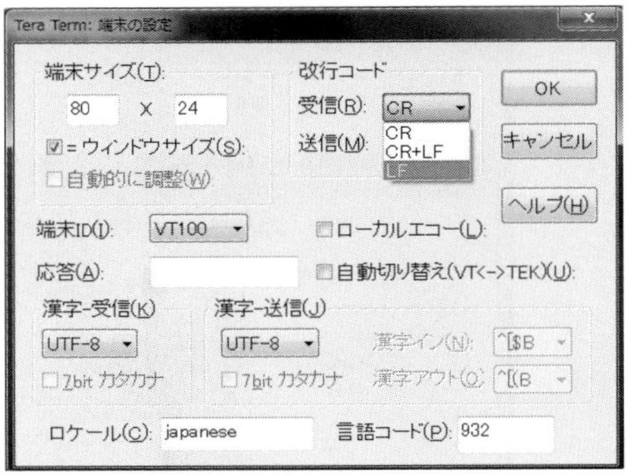　　　　　　　　　**画面 3.30** LF の選択

[端末の設定]

が開きます．
　画面上部のドロップダウン・リスト，

[受信]

右の小さな三角形をクリックします．**画面 3.30** に示すように，

[LF]

をクリック選択します．
　画面右上の，

[OK]

ボタンをクリックします．
　再度，mbed で同じプログラムを実行してみます．今度は**画面 3.31** に示すように整然とプリントできました．
　以上，printf 文を使って，mbed からパソコンへ文字列を送信して，その文字列をパソコンのディスプレイに表示しました．

画面 3.31
mbed からの文字列の表示

3.5　ハードウェアの準備

ソフトウェアは準備ができたので，次にハードウェアの準備を行います．

mbed を使って仕事をするためには，mbed に対して，

> 物理的な機材（例えば，コンデンサ，ソケット，スイッチ……など）

を追加する必要があります．mbed 単体では，意味のある仕事はできません．

mbed は，コンクリート，鉄骨……などと同じく，素材です．最終製品ではありません．他と組み合わせて，初めて完成品になります．つまり mbed は一つの部品です．

しかし，mbed は部品ではあるけれども，コンピュータです．コンクリートや鉄骨などの単機能のコンポーネントとは，ひと味違います．

mbed を適用する分野は，極端に言えば無限に存在します．mbed の入門段階の勉強を進めるには，いくつかの選択肢があります．例えば，山登りにいくつかの登山道があるのと同じです．

また当然，各選択肢にはそれなりの費用が関連します．費用と効果を秤にかける必要があります．最初に mbed とそのコンペティタ（競合製品）を並べて，費用と効果を比較してみましょう．**表 3.1** に主要 4 機種をピックアップして，それらの特徴を記しました．

> **注意**
> STM の STMVLDiscovery に関しては，参考文献 (3) を参照してください．

Arduino は，これまで述べたようにオープン・ソースとしてスタートしたマイクロコントローラです．

ト接続以外の機能はありません．これも注意点です．

スターボードオレンジは，唯一，完成品として購入できる拡張基板です．

たとえば，これまで企業の情報システムにおいて，データベースのプログラム作りに従事していたけれども，将来を考えて自分のレパートリを広げるためにmbedの勉強をしたい……，などという人には，スターボードオレンジはお薦めです．mbedをソケットに差し込むと，すぐにデバッグをスタートできます．ただし，応用の範囲は，

> イーサネット接続
> LCDによる文字列表示
> マイクロSD
> USBホスト

に限定されています．これまで，電子工作などの経験がない人には勧めます．

MAPLEボードは，完成基板ではありません．キットを購入して，部品をはんだ付けする必要があります．

> **注意**
> 手作業でははんだ付けが無理だと思われる部品は，あらかじめ基板にはんだ付けされています．

組み立てに関して，ていねいな説明書が添付されていますが，実際の作業は注意深く行う必要があります．仮にも，部品の場所を間違えたりすると基板全体に影響を及ぼす可能性もあります．

しかし，紹介した三者の中では，アプリケーションの適用範囲が比較にならないほど広くなっています．LPCXpresso1768（表3.1）にも使えます．大学の卒業研究，あるいは企業の研究所などにおいて，手作りの実験装置を作る際などには重宝すると思います．プロフェッショナルにお薦めです．

本書では，mbedの拡張基板としてマルツエレック製の「MAPLEボード」を使用します．

3.6 mbedのハロー・ワールド

MAPLEボードを使ってmbedのプログラム開発を行います．

まず，MAPLEボードにmbedを装着します．ソケットは，LPCXpresso1768用になっているので，装着する場所に注意します．

次に，mbedとパソコンをUSBケーブルで接続します．これまでと同様に，mbed中央のLEDが青く

3.6 mbed のハロー・ワールド

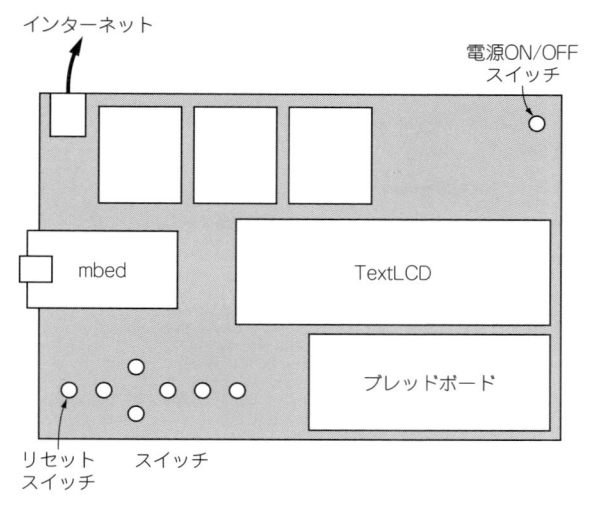

図 3.4 mbed をセット

点灯します．同時に，MAPLE ボードの緑の LED が点灯します．キャラクタ・ディスプレイのバックライトも光ります．これらを確認します．

mbed を接続すると，パソコン画面において一連の手続き（たとえば，ログインなど）がスタートします．接続の手続きは，これまでと同じです．MAPLE ボードを装着したことによる変更はありません．

チェックのために，これまでに作成した Test を再度実行します．同じ結果が得られます．

Tera Term の画面に 5 回，文字列，

Hello World!

がプリントされます．これを確認します．

それでは，このプロジェクト Test にプログラムを追加して，MAPLE ボードの LCD に文字列，

Hello World!

を表示します．

LCD を使用するために，

LCD のライブラリ

第 3 章 mbed の準備

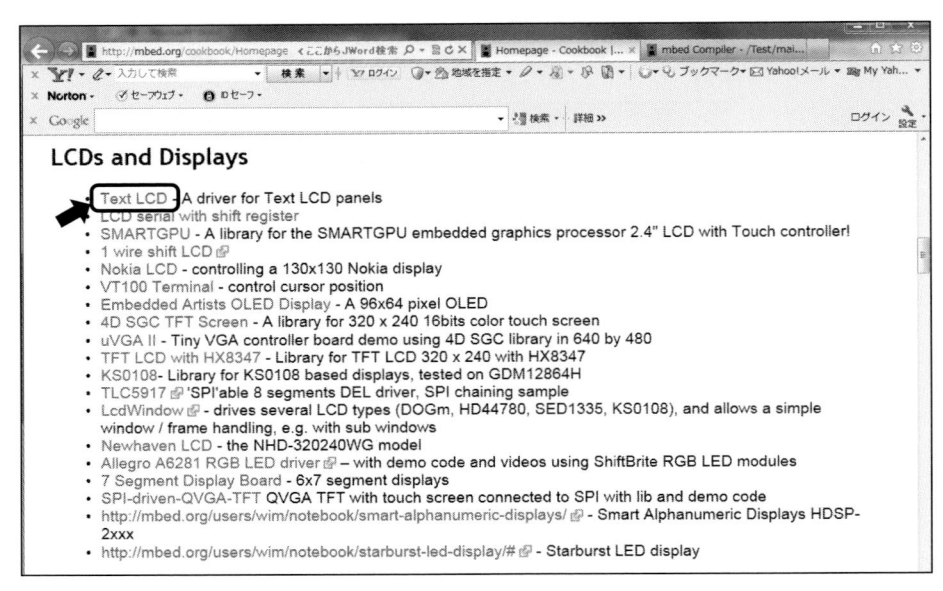

画面 3.32　LCD のライブラリ

が必要です．LCD のライブラリは mbed のサイトに用意されているので，これを Test のプロジェクトへインポートします．

> **注意**
> 本書のプログラミング・レベルは入門段階に留まるで，使用するライブラリのほとんどは mbed のサイトにあるものをインポートして使います．

LCD のライブラリは，mbed の，

［Cookbook］

にあります．mbed のホームページにおいて，タブ［Cookbook］をクリックします．Cookbook のページが開きます．ページをスクロールして，**画面 3.32** に示すように，

［LCDs and Displays］

のセクションへたどります．

―― 3.6 mbed のハロー・ワールド ――

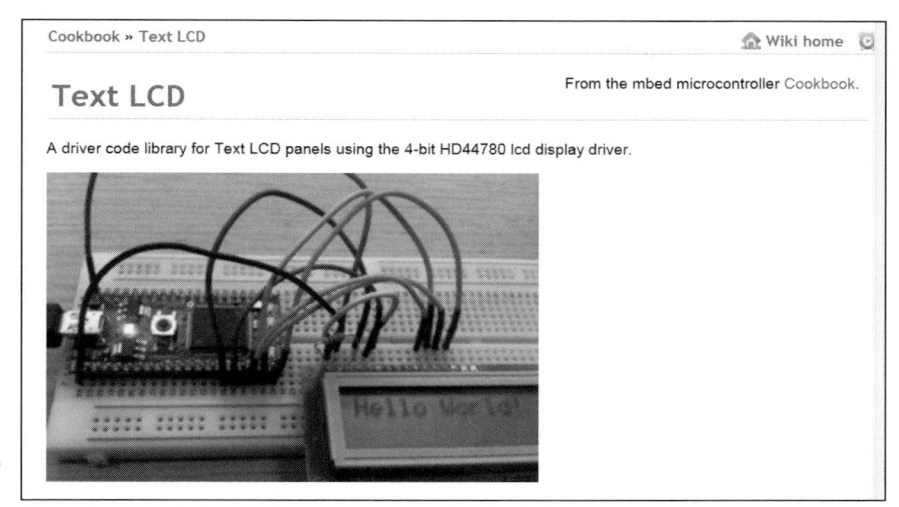

画面 3.33
Text LCD の
ページ

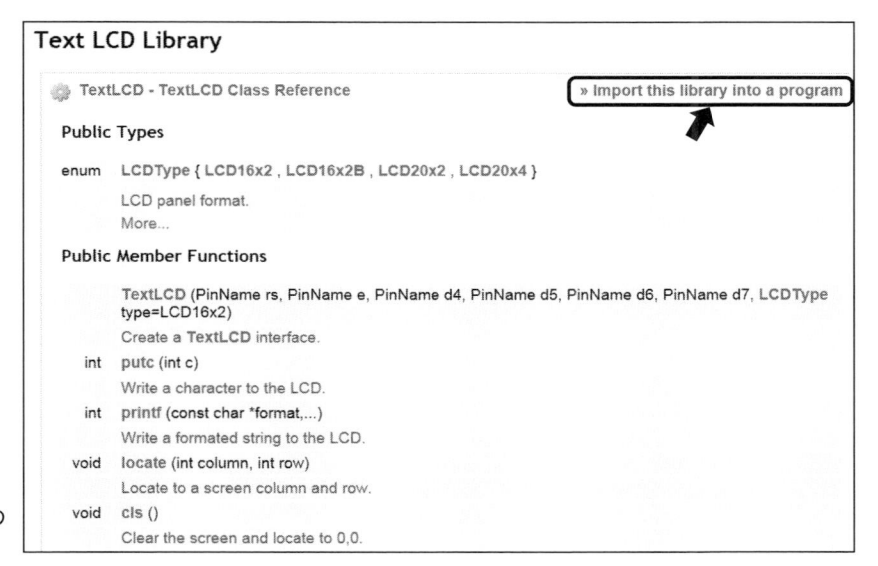

画面 3.34
Text LCD の
ライブラリ

画面上の，

Text LCD

をマウスでクリックします．**画面 3.33** に示すように，[Text LCD]のページが開きます．

画面をスクロールして，**画面 3.34** に示すように，Text LCD のライブラリの場所へ移動します．

83

第3章　mbedの準備

画面 3.35
Import Library のダイアログ

画面右上に，

> [import this library into a program]

と記載されています．この文字列をマウスでクリックします．すると，**画面 3.35** に示すように，

> [Import Library]

のダイアログが開きます．
　[Library Name]のテキスト・ボックスには，あらかじめ，

> TextLCD

と，ライブラリの名前が記入されています．[Path:]のテキスト・ボックスは，

> プロジェクトの名前

を記入するのですが，右端の三角形をクリックすると，ドロップダウン・リストがポップアップするので，ここから，

> Test

を選択します．最後に[OK]ボタンをクリックします．**画面 3.36** に示すように，Test プロジェクトに対して TextLCD ライブラリを追加しました．
　ライブラリを追加したので，プログラムを**画面 3.37** に示すように加筆，修正します．
　念のために，**リスト 3.3** に main.cpp を示します．

3.6 mbed のハロー・ワールド

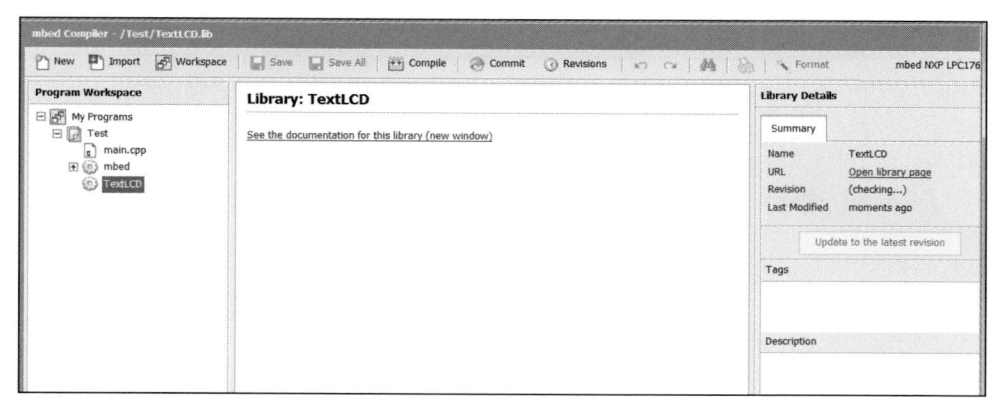

画面 3.36 インポートしたライブラリ

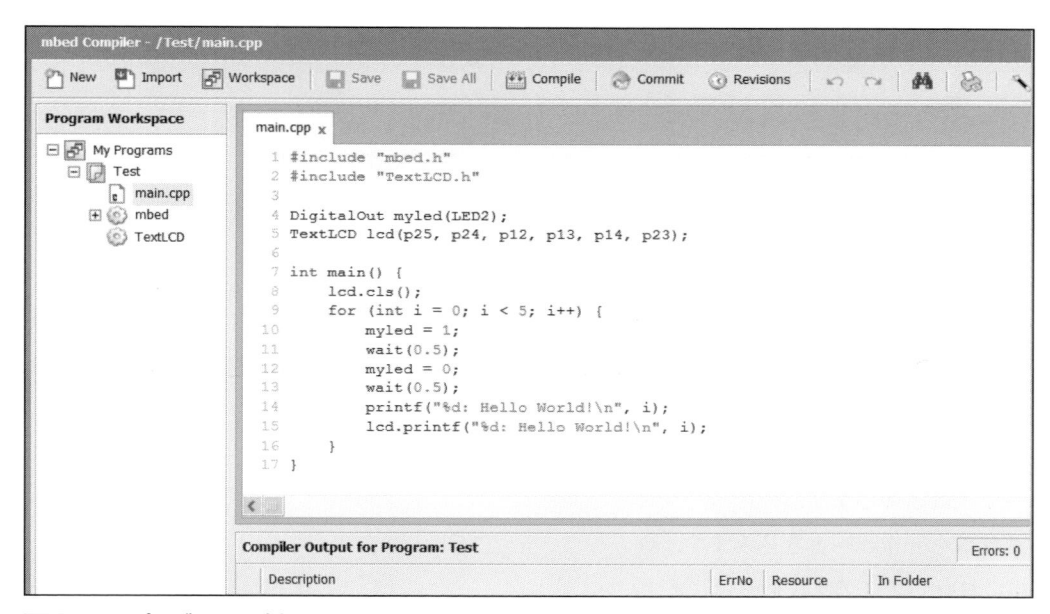

画面 3.37 プログラムの追加

プログラムの説明をします．

まず，TextLCD のインスタンス，

```
lcd
```

を作成します．コンストラクタに，

リスト 3.3　main.cpp

```
#include "mbed.h"
#include "TextLCD.h"
DigitalOut myled(LED1);
TextLCD lcd(p25, p24, p12, p13, p14, p23);
int main() {
    lcd.cls();
    for (int i = 0; i < 5; i++) {
        myled = 1;
        wait(0.5);
        myled = 0;
        wait(0.5);
        printf("%d Hello World!\n", i);
        lcd.printf("%d Hello LCD!\n", i);
    }
}
```

> MAPLE ボードにおけるピンの番号

を入力します．コンストラクタのデータは，使用するボード（たとえば，MAPLE ボードあるいはスターボードオレンジなど）によって異なります．ブレッドボードなどを使って，回路を自作した場合は，配線したピンの番号を入力します．

　プログラムをコンパイルします．
　コンパイルは成功します．
　プログラムを mbed へ書き込みます．
　mbed においてプログラムを実行します．
　LCD の表示は，

> 4: Hello World!
> 3: Hello World!

となります．LCD はスクロールしないので，2 回プリントすると，

> 0: Hello World!

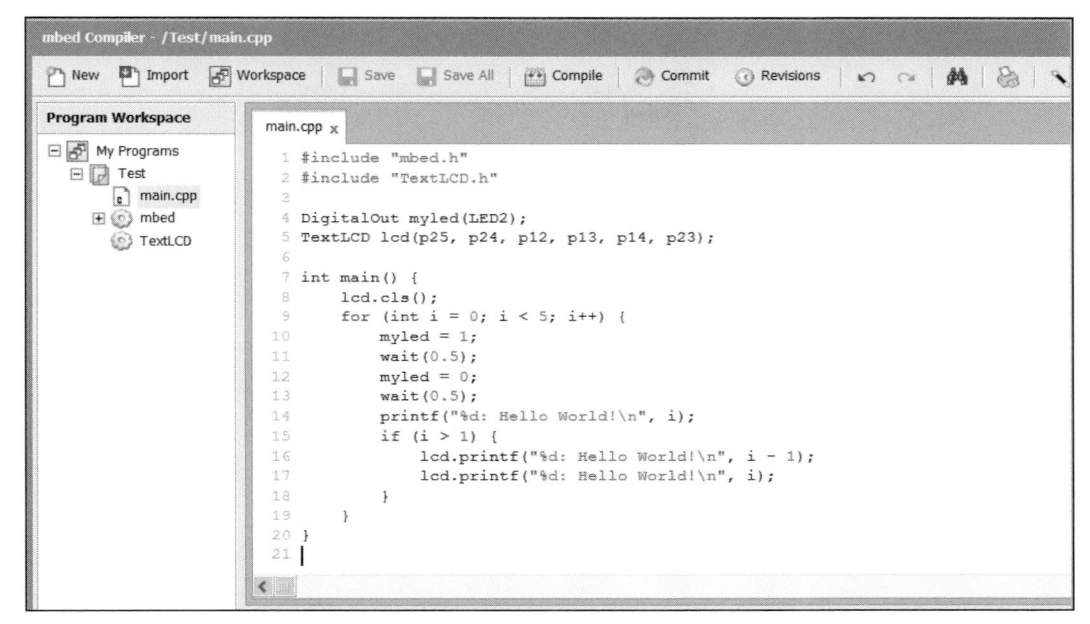

```
mbed Compiler - /Test/main.cpp

 1  #include "mbed.h"
 2  #include "TextLCD.h"
 3
 4  DigitalOut myled(LED2);
 5  TextLCD lcd(p25, p24, p12, p13, p14, p23);
 6
 7  int main() {
 8      lcd.cls();
 9      for (int i = 0; i < 5; i++) {
10          myled = 1;
11          wait(0.5);
12          myled = 0;
13          wait(0.5);
14          printf("%d: Hello World!\n", i);
15          if (i > 1) {
16              lcd.printf("%d: Hello World!\n", i - 1);
17              lcd.printf("%d: Hello World!\n", i);
18          }
19      }
20  }
21
```

画面 3.38　スクロールのプログラム

```
1: Hello World!
```

となり，3回目のプリントは，

```
2: Hello World!
1: Hello World!
```

と，上の行に重ね書きします．スクロール機能を入れて順番に表示するのであれば，たとえば**画面 3.38**に示すようにプログラムを変更します．
　プログラムをコンパイルして，実行します．LCDの最終画面は，

```
3: Hello World!
4: Hello World!
```

となります．

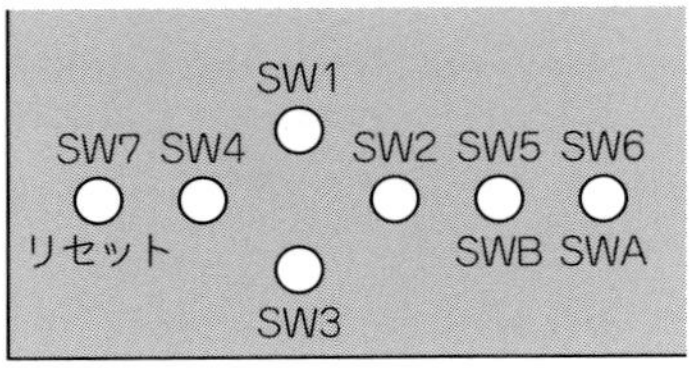

図 3.5
スイッチの配置

3.7 スイッチ

図 3.5 に示すように，MAPLE ボードには 7 個のスイッチがあります．

最左の SW7（赤色）は，リセット・スイッチです．mbed 本体のリセット・スイッチは小さいので，通常はボード上のリセット・スイッチを使用します．

4 個のスイッチは，

```
        SW1
SW4         SW2
        SW3
```

のように十字型に配置されているので，ゲーム機のボタン，飛行機の操縦桿のような感じで使用することができます．

2 個のスイッチは，

```
SW5    SW6
```

左右に並んでいるので，たとえば，

```
開始    終了
```

などのように使用するとよいでしょう．

では，スイッチの状態を取り込むプログラムを作ります．プログラムのサンプルを検索してみます．mbed のサイトにおいて，検索ボックスに，

```
I2C
```

画面 3.39　I2C の検索結果

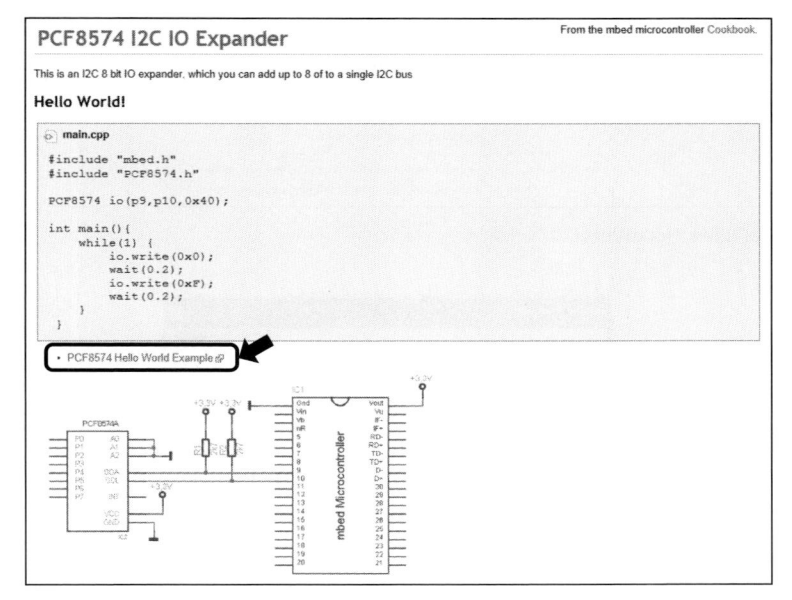

画面 3.40　サンプル・プログラム

と入力します．画面 3.39 に示すように，PCF8574 のサンプルが登録されています．
　青色の文字列をマウスでクリックします．画面 3.40 に示すように，サンプル・プログラムが開きます．
　画面中央の，

［PCF8574 Hello World Example］

をクリックします．画面 3.41 に示すように，

PCF8574_HelloWorld のページ

が開きます．

第 3 章　mbed の準備

画面 3.41　PCF8574_HelloWorld のページ

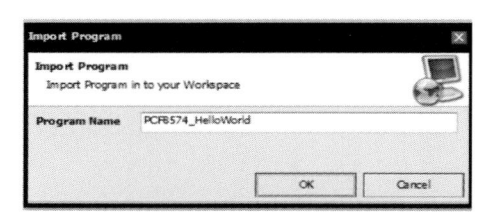

画面 3.42　Import Program のダイアログ

画面ほぼ中央の，

[Import this program]

をクリックします．**画面 3.42** に示すように，

[Import Program] ダイアログ

が開きます．

　[OK] ボタンをクリックすると，**画面 3.43** に示すようにプロジェクトが開きます．
　このサンプル・プログラムは，データを出力するプログラムです．
　また，サンプルの PCF8574 は，ここで使用している MAPLE ボードのピンとは異なるピンに配線されています．プログラムを**リスト 3.4** に示すように変更します．

画面 3.43　PCF8574_HelloWorld プロジェクト

リスト 3.4　変更したプログラム

```
#include "mbed.h"
#include "PCF8574.h"
PCF8574 io(p28, p27, 0x40);
int main() {
    int data;
    for (int i = 0; i < 5; i++) {
        data = io.read();
        printf("%x¥n", data);
        wait(2);
    }
}
```

プログラムをコンパイルします．

コンパイルは成功します．

結果をダウンロードします．**画面 3.44** に示すように，バイナリは，[ダウンロード]ディレクトリに転送されます．

このバイナリを mbed へ書き込みます．

MAPLE ボードの SW7 を押します．**画面 3.45** に示すように，結果が表示されます．

プログラムを実行している間に，

SW2

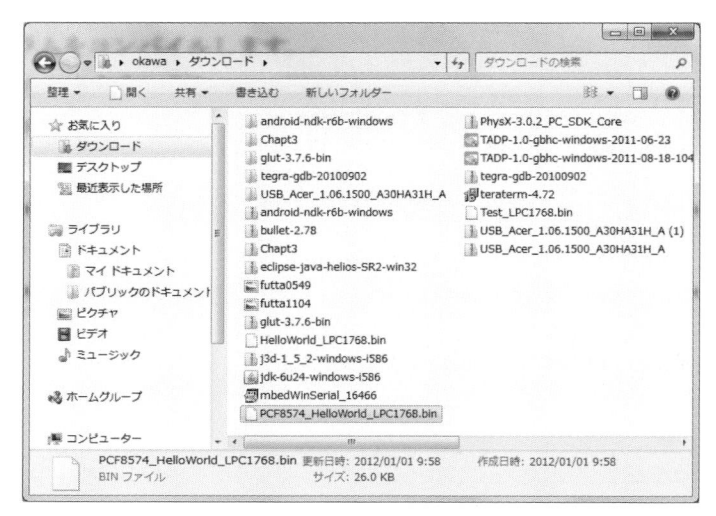

画面 3.44　バイナリのダウンロード

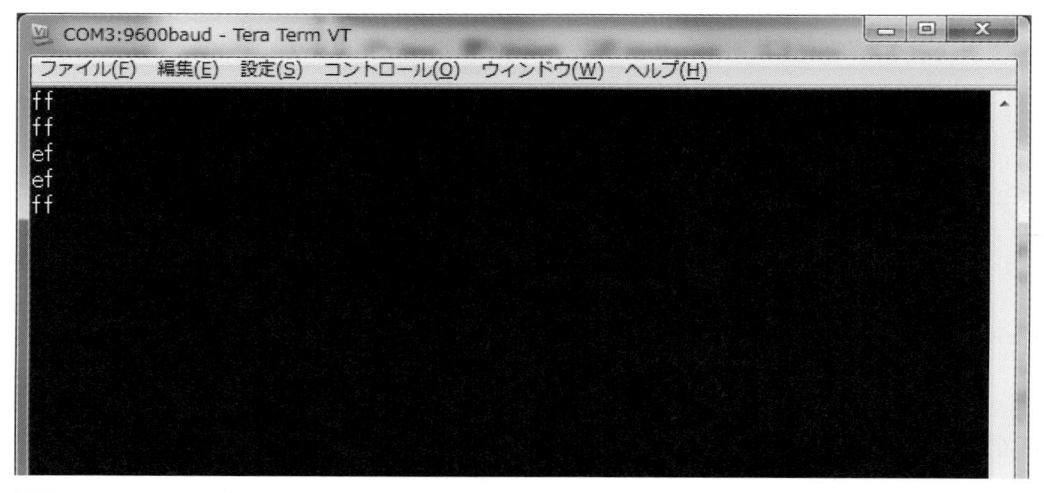

画面 3.45　スイッチの状態

を押しました．スイッチの並びを調べると，

| × | × | SW1 | SW2 | SW3 | SW4 | SWB | SWA |

となっていることがわかりました．ここで，×は，未実装のビットです．

第4章　http通信

mbedの準備が完了したので，インターネットに接続して，ネットワーク機能を検証します．httpプロトコルから作業を始めます．確実に石橋を叩いて渡るように進めます．

● 4.1　HTTPクライアント

まず最初に，手元のmbedがイーサネットに接続して通信できることを確認します．

ネットワークに接続するので，**図4.1**に示すようにMAPLEボードのソケットに，イーサネットのケーブルを差し込みます．

本書において，IPアドレスは，親局から，

```
DHCP
```

によってmbedに対して配信されます．したがってmbedのIPアドレスは，状況に応じて変化します．固定した値ではありません．

実験を始めます．

mbedとパソコンをUSBケーブルによって接続します．実験装置の概略を**図4.2**に示します．

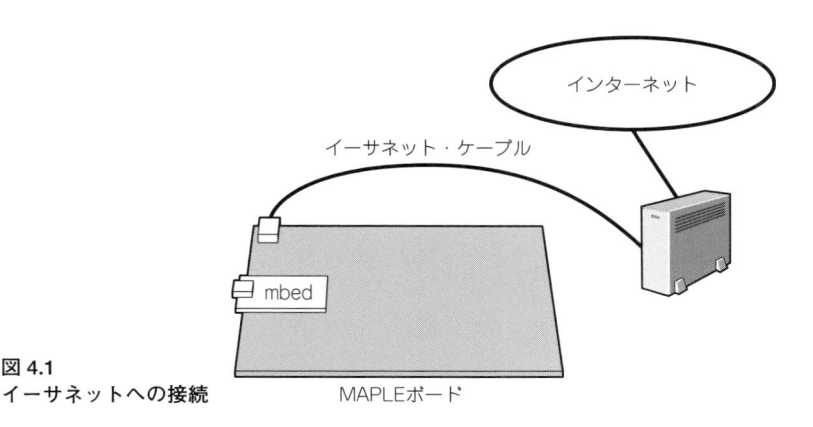

図4.1　イーサネットへの接続

第4章 http 通信

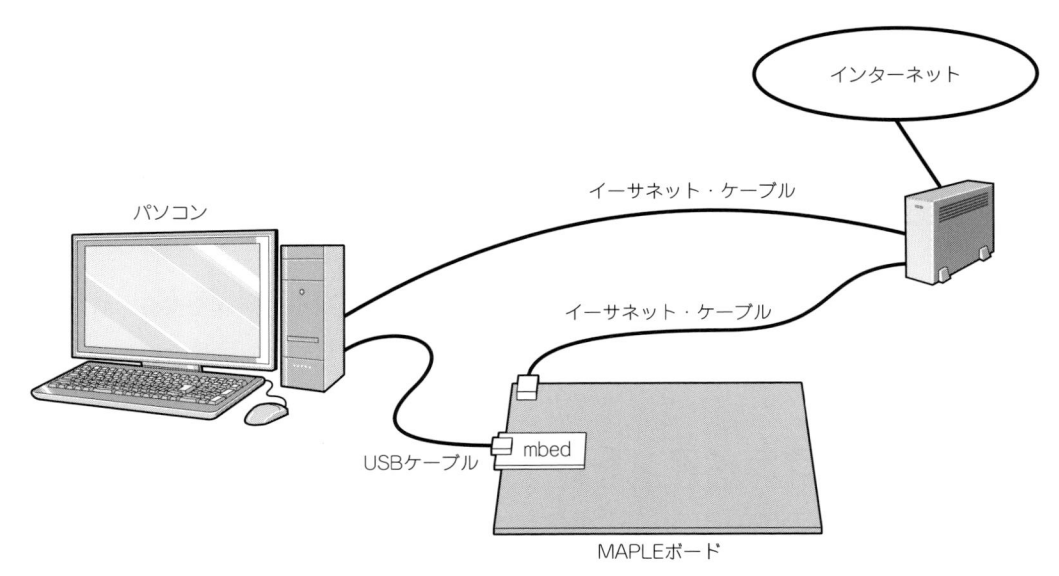

図 4.2 実験装置の概略

mbed は USB ケーブルによってパソコンと接続します．

mbed は，インターネットへは，イーサネット・ケーブルによって接続します．

パソコンは USB ケーブルによって mbed と接続します．また，イーサネット・ケーブルによって mbed のホームページと接続します．

以上でハードウェアの準備ができました．続いて，ソフトウェアの準備を進めます．

パソコンにおいて，mbed のコンパイラを開きます．

ブラウザを，

> mbed のホームページ

へ接続します．

Cookbook へ移動します．**画面 4.1** に示すように，

> Cookbook の [Network] セクション

へ移動します．

画面において，

─── 4.1 HTTP クライアント ───

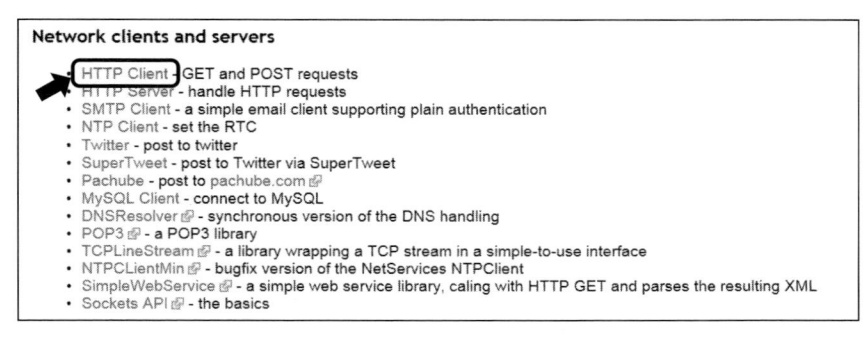

画面 4.1　Cookbook の Network セクション

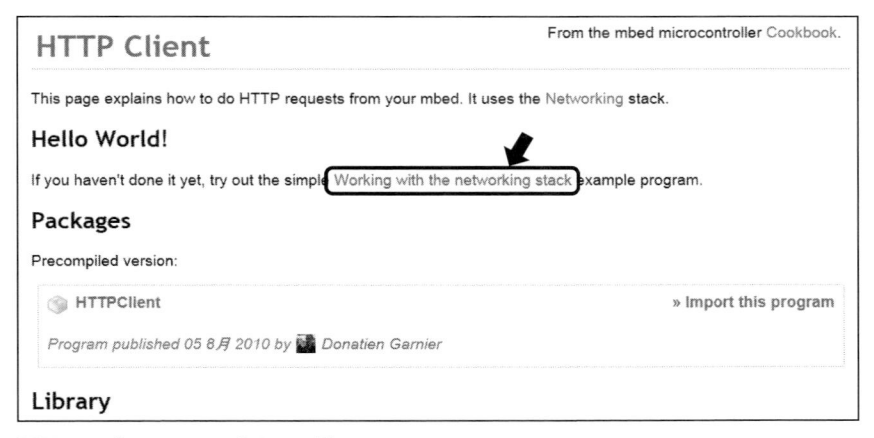

画面 4.2　［HTTP Client］のページ

［HTTP Client］

をクリックします．**画面 4.2** に示すように，［HTTP Client］のページが開きます．
　画面中央の文字列，

［Working with the networking stack］

をマウスでクリックします．**画面 4.3** に示すように，［Working with the networking stack］のページが開きます．
　サンプル・プログラムのコードが表示されています．ページをスクロールすると，**画面 4.4** に示すようにプログラムに続いてダウンロード URL が表示されます．

第4章 http通信

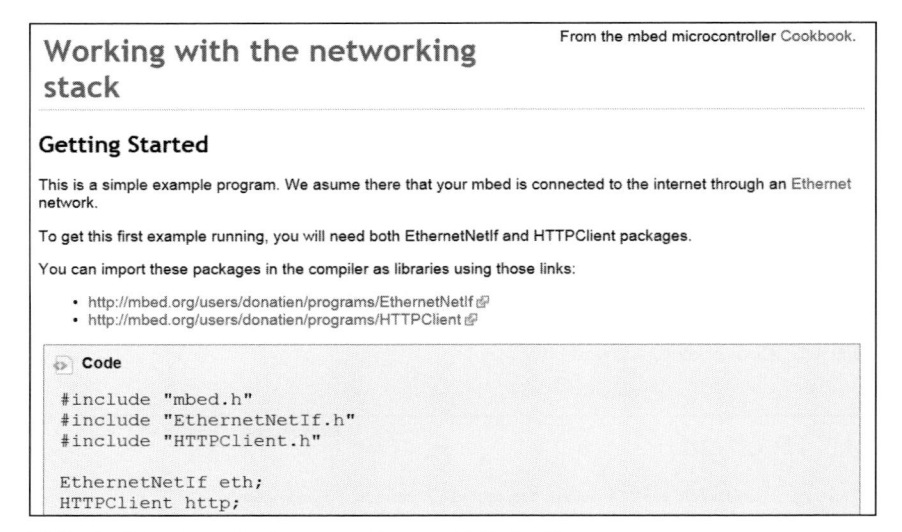

画面4.3 ［Working with the networking stack］のページ

画面4.4 ダウンロードのURL

このURLをマウスでクリックします．**画面4.5**に示すように，

HTTPClientExample

のページが開きます．

─── 4.1 HTTP クライアント ───

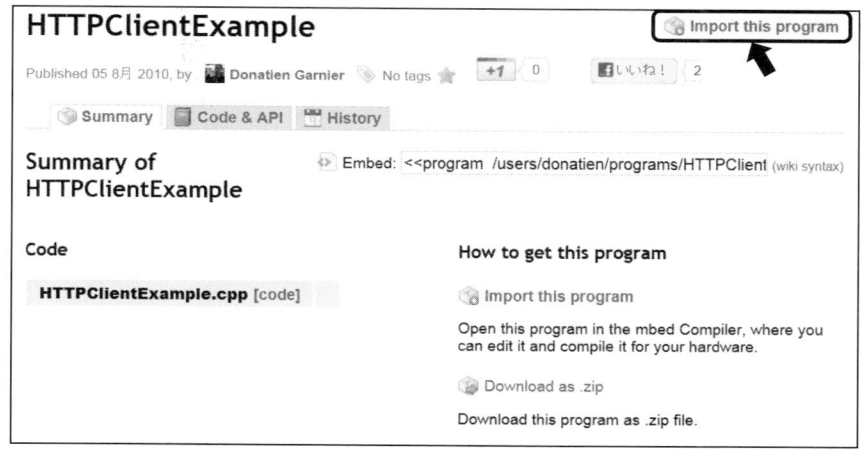

画面 4.5　HTTPClientExample のページ

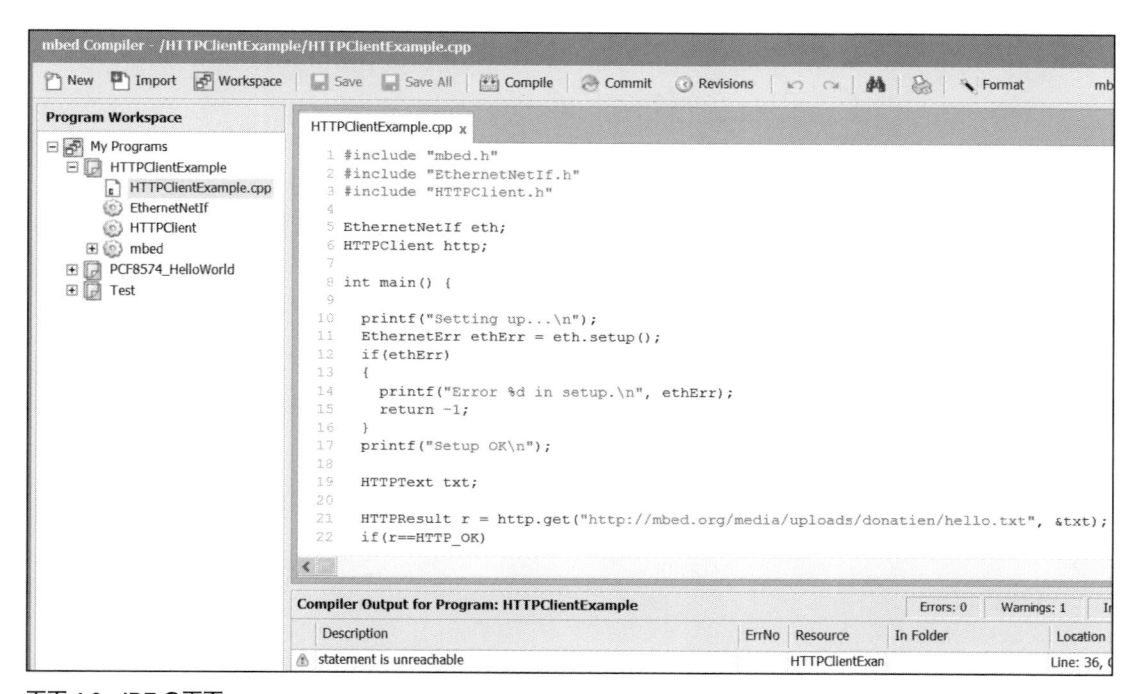

画面 4.6　IDE の画面

画面右上の，

[Import this program]

第4章 http通信

リスト 4.1　HTTPClientExample.cpp

```cpp
#include "mbed.h"
#include "EthernetNetIf.h"
#include "HTTPClient.h"
EthernetNetIf eth;
HTTPClient http;
int main() {
    printf("Setting up...\n");
    EthernetErr ethErr = eth.setup();
    if(ethErr)
    {
        printf("Error %d in setup.\n", ethErr);
        return -1;
    }
    printf("Setup OK\n");
    HTTPText txt;
    HTTPResult r = http.get(
        "http://mbed.org/media/uploads/donatien/hello.txt", &txt);
    if(r==HTTP_OK)
    {
        printf("Result :\"%s\"\n", txt.gets());
    }
    else
    {
        printf("Error %d\n", r);
    }
    while(1)
    {
    }
    return 0;
}
```

をクリックします．**画面4.6**に示すように，IDEの画面が開きます．

画面において，プログラムは途中で切れているので，**リスト4.1**に，

HTTPClientExample.cpp

の全文を示します．

　プログラムは，シンプルです．HTTPのクライアントのインスタンス，

> http

を生成します．httpのgetメソッドを使って，次のURL，

> http://mbed.org/media/uploads/donatien/hello.txt

から，

> txt.htm

という名前のファイルを取得して，プリントします．

　mbedのIDE（**画面4.6**）において，

> ［Compile］

のタブをクリックします．コンパイルは成功します．

> ［ダウンロード］

のディレクトリに，ファイル，

> HTTPClientExample_LPC1768.bin

がダウンロードされます．このファイルをmbedへ書き込みます．

　実験をスタートします．

　　［Tera Term］を立ち上げます．

　MAPLEボードの［START］スイッチを押します．**画面4.7**にプリントされたテキストを示します．

　mbedから，インターネット上のサーバへアクセスして，ゲットしたファイルをパソコンの画面へプリントしました．

第 4 章　http 通信

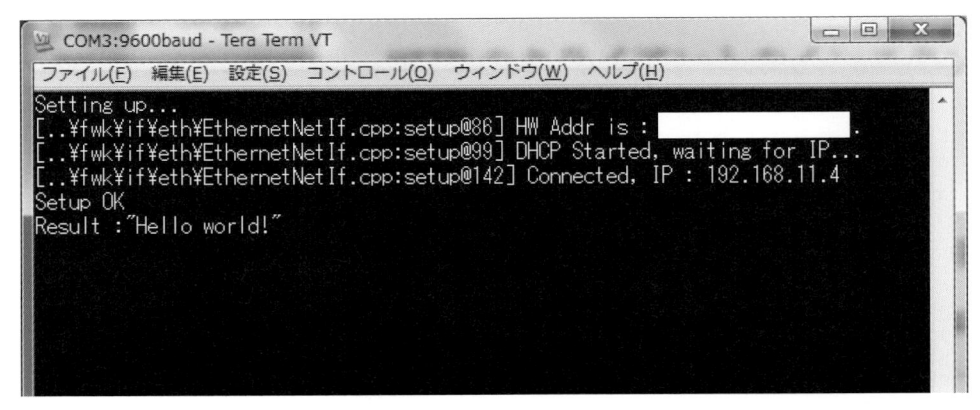

画面 4.7　Tera Term の画面

4.2　標準時刻

HTTP クライアントの別サンプルを示します．

グリニッジ標準時刻を取得してプリントします．

画面 4.1（95 ページ）を見てください．

上から 4 行目に，

> NTP Client

と表示されています．これをクリックします．

NTP Client のページが開きます．画面をスクロールします．**画面 4.8** に示すように，文字列，

> NTPClientExample

を見つけます．

画面右下の，

> ［Import this program］

をクリックします．**画面 4.9** に示すように，IDE にプロジェクトが作成されます．

プログラムを**リスト 4.2** に示します．

```
    Host server(IpAddr(), 123, "0.uk.pool.ntp.org");
    ntp.setTime(server);

    ctTime = time(NULL);
    printf("\nTime is now (UTC): %s\n", ctime(&ctTime));

    while(1)
    {

    }

    return 0;
}
```

This program can be imported from here :

NTPClientExample   » Import this program

Program published 05 8月 2010 by Donatien Garnier

画面 4.8　NTPClientExample の画面

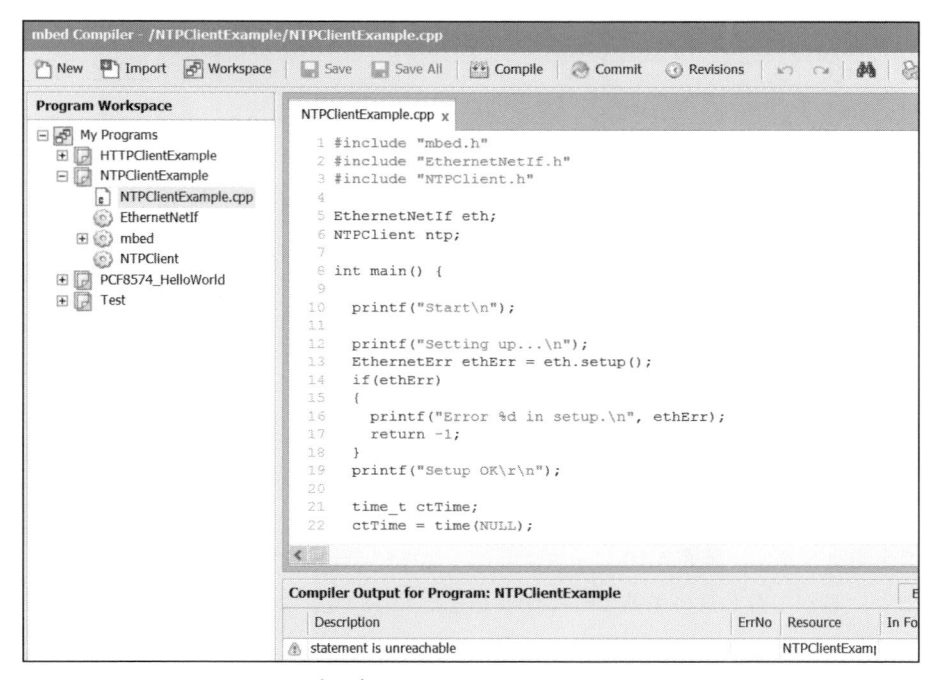

画面 4.9　NTPClientExample プロジェクト

標準時刻を取得して，それを [Tera Term] の画面へプリントします．

最初にプログラムをコンパイルし，バイナリを mbed に書き込みます．

第4章 http通信

リスト4.2 グリニッジ標準時刻を取得してプリントするプログラム

```
#include "mbed.h"
#include "EthernetNetIf.h"
#include "NTPClient.h"
EthernetNetIf eth;
NTPClient ntp;
int main() {
    printf("Start\n");
    printf("Setting up...\n");
    EthernetErr ethErr = eth.setup();
    if(ethErr)
    {
        printf("Error %d in setup.\n", ethErr);
        return -1;
    }
    printf("Setup OK\r\n");
    time_t ctTime;
    ctTime = time(NULL);
    printf("Current time is (UTC): %s\n", ctime(&ctTime));
    Host server(IpAddr(), 123, "0.uk.pool.ntp.org");
    ntp.setTime(server);
    ctTime = time(NULL);
    printf("\nTime is now (UTC): %s\n", ctime(&ctTime));
    while(1)
    {
    }
    return 0;
}
```

プログラムを実行します．**画面4.10**に示すように，標準時が取得できました．

画面を見ると，私が1月2日の午前1時に仕事をしたように見えますが，事実ではありません．わが国の時刻はグリニッジ標準時より9時間早いので，実際は，

$$1 + 9 = 10$$

午前10時に，仕事をしていました．

画面 4.10　取得した時刻

4.3　HTTP サーバ

　mbed の機能から判断すると，mbed は情報を受信するデバイスというよりは，むしろ，情報を配信するデバイスです．この事実は，mbed の役目はクライアントではなくて，サーバということを示唆しています．

　一般に，インターネットの HTTP サーバは，文字や画像などを配信します．mbed の場合は，たとえば，温度や圧力などの物理量を計測して，その結果を配信することになります．

　もちろん，mbed に対して，たとえば特定の文字列を送信して，それを解読して，計測を行い，結果の文字情報を返送することも可能です．こういった用途に対して，いくつかのシステムがすでに使用されています．

　最初に，RPC（Remote Procedure Call）を使って，xml ファイルを配信するプログラムを作ります．
　まず，mbed のホームにおいてプログラムを検索します．検索ボックスに，

　rpc_http

と記入して，[Enter] キーを押します．画面 4.11 に示すように，1 件だけ検索にかかります．
　画面中央，やや下部の，

　[Interfacing Using RPC]

をクリックします．ページが開くので，スクロールします．画面 4.12 に示すように，

第 4 章　http 通信

画面 4.11　検索結果

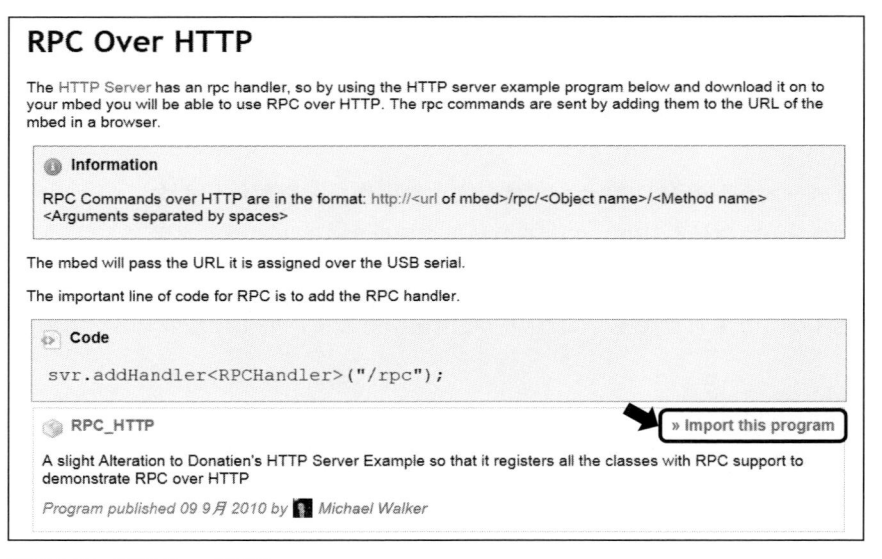

画面 4.12　RPC Over HTTP

> RPC Over HTTP

のセクションに至ります．

　画面右下の［Import this program］をクリックします．**画面 4.13** に示すように，［Import Program］のダイアログが開くので，［OK］ボタンをクリックします．

―― 4.3 HTTPサーバ ――

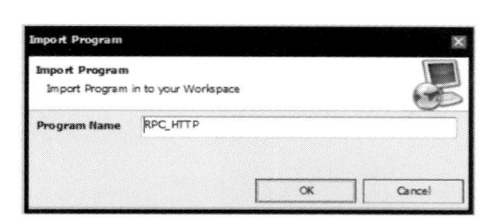

画面 4.13 ［Import Program］のダイアログ

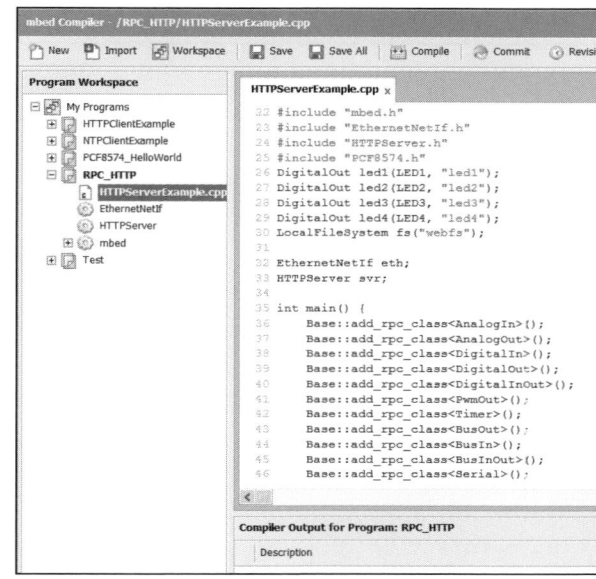

画面 4.14 RPC_HTTP のプロジェクト

画面 4.14 に示すように，プロジェクト，

> RPC_HTTP

が開きます．
リスト 4.3 に，

> HTTPServerExample.cpp

を示します．
リスト 4.3 のプログラムの説明をします．最初のコメントの部分は，紙数を節約するために，ほとんどを削除しました．
必要なヘッダ・ファイル，

> mbed.h
> EthernetNetIf.h
> HTTPServer.h

105

第4章 http通信

リスト4.3　HTTPServerExample.cpp

```cpp
/*
Copyright (c) 2010 ARM Ltd
*/
#include "mbed.h"
#include "EthernetNetIf.h"
#include "HTTPServer.h"
DigitalOut led1(LED1, "led1");
DigitalOut led2(LED2, "led2");
DigitalOut led3(LED3, "led3");
DigitalOut led4(LED4, "led4");
LocalFileSystem fs("webfs");
EthernetNetIf eth;
HTTPServer svr;
int main() {
    Base::add_rpc_class<AnalogIn>();
    Base::add_rpc_class<AnalogOut>();
    Base::add_rpc_class<DigitalIn>();
    Base::add_rpc_class<DigitalOut>();
    Base::add_rpc_class<DigitalInOut>();
    Base::add_rpc_class<PwmOut>();
    Base::add_rpc_class<Timer>();
    Base::add_rpc_class<BusOut>();
    Base::add_rpc_class<BusIn>();
    Base::add_rpc_class<BusInOut>();
    Base::add_rpc_class<Serial>();
  printf("Setting up...\n");
  EthernetErr ethErr = eth.setup();
  if(ethErr)
  {
    printf("Error %d in setup.\n", ethErr);
    return -1;
  }
  printf("Setup OK\n");
    FSHandler::mount("/webfs", "/files"); //Mount /webfs path on /files web path
  FSHandler::mount("/webfs", "/"); //Mount /webfs path on web root path
    svr.addHandler<SimpleHandler>("/hello");
```

4.3 HTTPサーバ

```
  svr.addHandler<RPCHandler>("/rpc");
  svr.addHandler<FSHandler>("/files");
  svr.addHandler<FSHandler>("/"); //Default handler
//Example : Access to mbed.htm : http://a.b.c.d/mbed.htm
       or http://a.b.c.d/files/mbed.htm
    svr.bind(80);
    printf("Listening...\n");
  Timer tm;
  tm.start();
  //Listen indefinitely
  while(true)
  {
    Net::poll();
    if(tm.read()>.5)
    {
      led1=!led1; //Show that we are alive
      tm.start();
    }
  }
  return 0;
}
```

をインクルードします.

このプログラムでは,mbedのLEDを使うので,それらに対して,名前付けを行います.ここでは,mbedと同じ名前を付けます.

```
DigitalOut led1 (LED1, "led1");
DigitalOut led2 (LED2, "led2");
DigitalOut led3 (LED3, "led3");
DigitalOut led4 (LED4, "led4");
```

ファイル・システムは,

```
LocalFileSystem fs ("webfs");
```

と名付けます．RPC から，

> webfs

と呼べば，それは，

> mbed

のルートに対応します．
　次に，メインに入り，必要なクラスを呼び出します．
　Tera Term の画面へ，

> Setting up …

とプリントします．
　イーサネットへ接続します．接続に失敗すると，プログラムを終了します．
　成功すると，

> Setup OK

とプリントします．必要なハンドラなどを整備して，サーバのポート，

> 80

をバインドします．以下，mbed は，受信待ちの状態に入ります．受信待ちを表示するために，LED1 を点滅します．
　mbed は，サーバです．アクセスしたクライアントに対して，htm ファイルを送信します．
　作成した htm ファイル，

> my.htm

をリスト 4.4 に示します．

リスト 4.4　my.htm

```
<html>
<head>
<title>
Hello mbed!
</title>
</head>
<body>
<script>
var Button=0;
function button_push(flg) {
if(Button==0){
Button=1;
document.Form.myButton.value="off";
}else{
Button=0;
document.Form.myButton.value="on";
}
var req= new XMLHttpRequest();
req.open("GET", "http://192.168.11.4/rpc/led2/write+"+Button,true);
req.send("");
}
</script>
<form name="Form" action="#">
LED2:
<input type="button" value="on" name="myButton" onClick="button_push(0)">
</body>
</html>
```

まず，From上にラベルとボタン，各1個を配置します．
テキストには，

> LED2:

と書き込みます．ボタンは，最初，

第4章 http 通信

画面 4.15
mbed のディレクトリ

```
on
```

と表示します．このボタンをタップすると，

```
LED2 は点灯
```

します．同時に，ボタンの文字は，

```
off
```

に変わります．ここでボタンをタップすると，

```
LED2 は消灯
```

します．
　mbed ホームからダウンロードしたプロジェクト，

```
RPC_HTTP
```

をコンパイルします．コンパイルが成功したら，my.htm ファイルを**画面 4.15** に示すように，mbed の

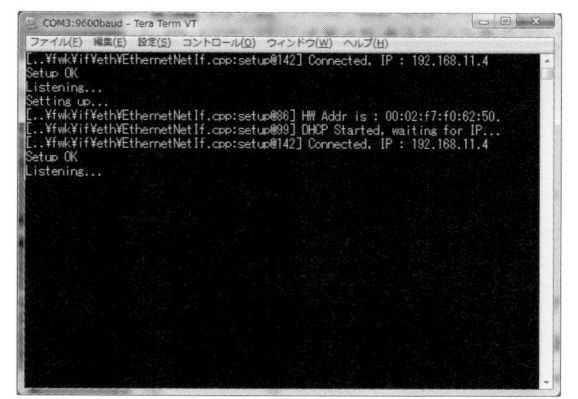

画面 4.16
［Tera Term］の画面

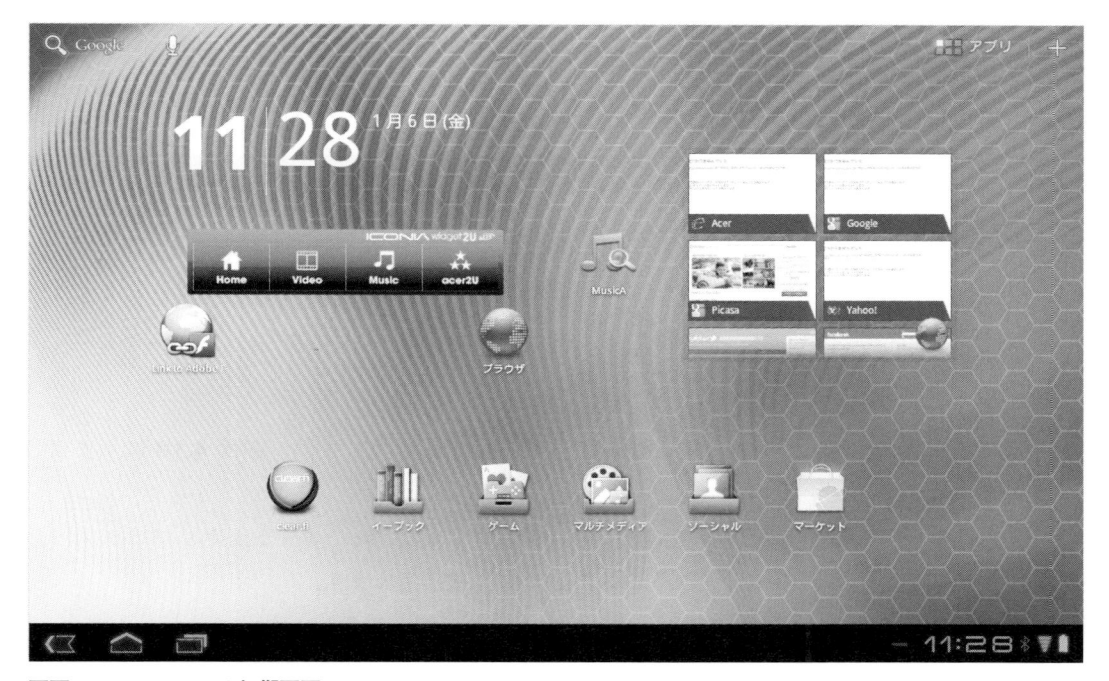

画面 4.17　Android の初期画面

ディレクトリへ転送します．

　MAPLE ボードの［RESET］を押します．［Tera Term］の画面に，**画面 4.16** に示すように，文字列がプリントされます．

　以上，mbed を使って，インターネットへ接続する実験を行いました．次に，mbed と Android を接

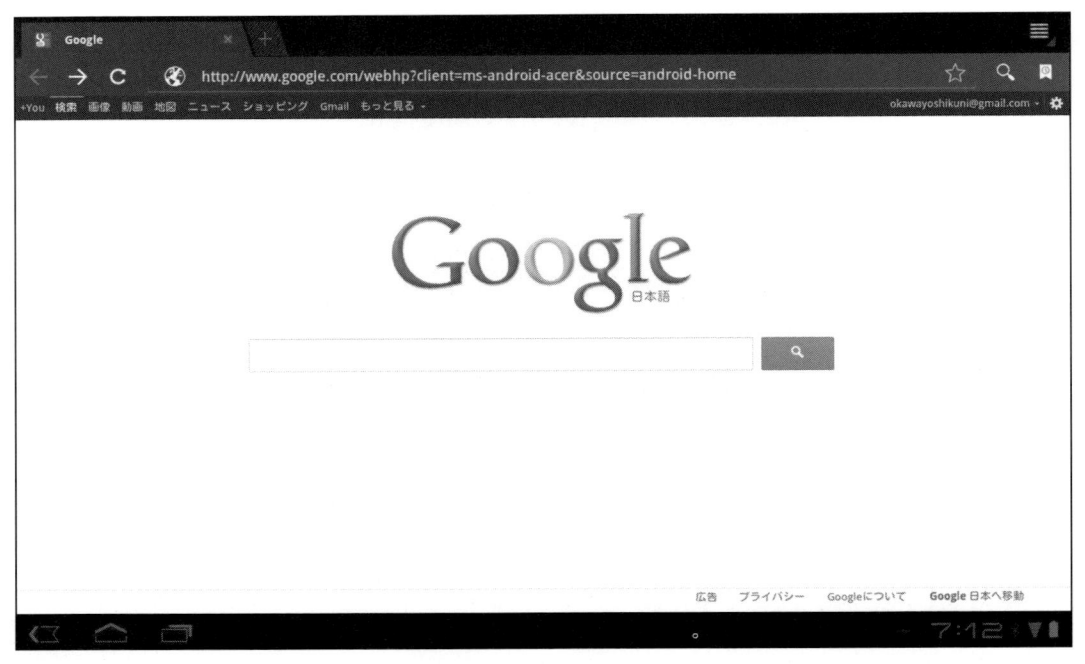

画面4.18 Googleの検索画面

続して，実機実験を行います．

Androidをスタートします．**画面4.17**に，Androidの初期画面を示します．

画面中央に，［ブラウザ］のアイコンがあります．これをタップします．**画面4.18**に示すように，Googleの検索画面が開きます．

画面最上部のhttp:……をタップします．**画面4.19**に示すように，キーボードがポップアップします．これを使って，**画面4.20**に示すように，mbedのURLを書き込みます．

画面4.21に示すように，mbedから受信したmy.htmファイルを表示します．

画面上の，

［on］ボタン

をタップすると，mbedの，

LED2

4.3 HTTP サーバ

画面 4.19　キーボードのポップアップ

画面 4.20　URL の記入

113

画面 4.21　URL の記入

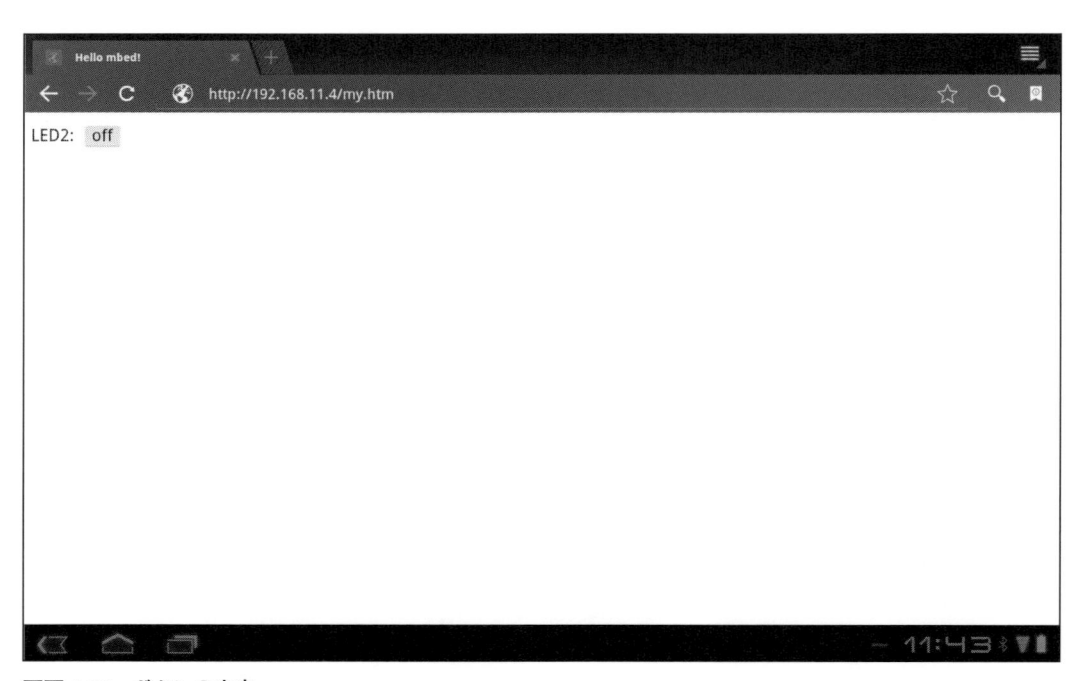

画面 4.22　ボタンの文字

が点灯します．

Android の画面は，**画面 4.22** に示すように，ボタンの文字が off に変わります．

Android 画面のボタンをタップします．LED2 が消灯します．

4.4　RPCFunction

4.3 節において，Android においてブラウザを立ち上げ，mbed から xml ファイル (my.htm) を読み出し，それを実行しました．Android の画面でボタンをタップすると，mbed の LED が点灯，あるいは消灯しました．

さて，それでは問題です．

現在使用している MAPLE ボードは，スイッチを 7 個搭載しています．この中の［SW7］は，mbed をリセットするスイッチなので，一般には使用できませんから，これは除きます．

残り 6 個のスイッチの状態 (on あるいは off) を知りたいとします．前節同様に，xml ファイルを作成して，スイッチの情報を取得できるでしょうか？

> 答えは，No です．

mbed チップ上の 4 個の LED は，ライブラリにおいて RPC 関数として作成されています．Android から呼び出し可能です．MAPLE ボードのスイッチは，ボード上の IC (PCA8574N) を経由して mbed に取り込まれます．チップに外付けされています．

この関数は，RPC 対応として構成されていません．したがって，xml ファイルに書き込んで使用することはできません．

とても不便ですが，心配することはありません．mbed メモリ内の任意の関数を Android から呼び出すことができます．以下，事例を使って具体的に手法を示します．

これまでと同様に，まず，mbed の URL へアクセスします．

［Cookbook］へ進みます．

検索用のテキスト・ボックスへ，

> rpc,rpcfunction

と記入して，［Search］ボタンをクリックします．**画面 4.23** に示すように，検索の結果がリストアップされます．

第 4 章 http 通信

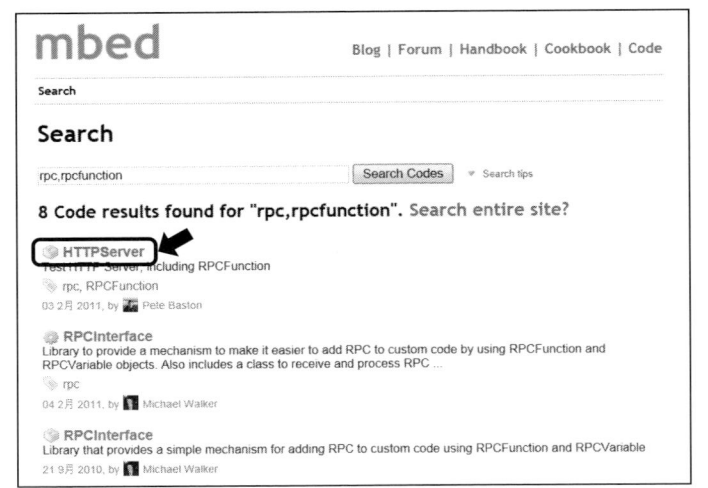

画面 4.23 検索結果

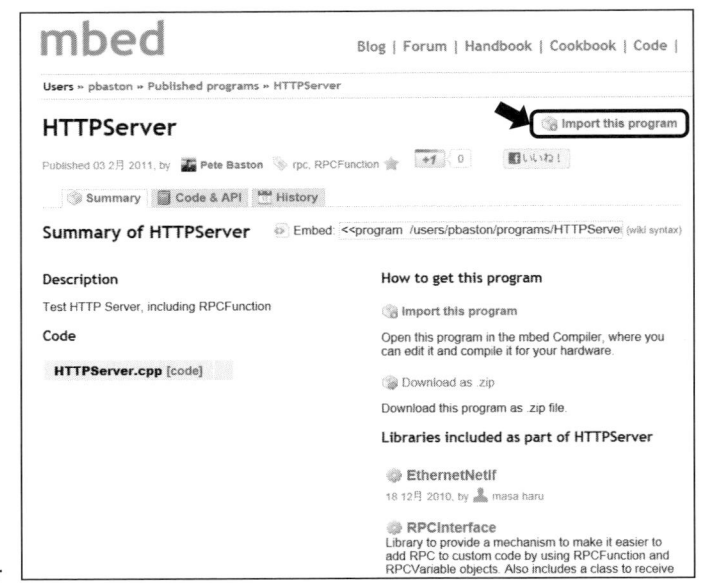

画面 4.24 HTTPServer

一番上の，

HTTPServer

をクリックします．画面 4.24 に示すように，HTTPServer のページが開きます．

4.4 RPCFunction

画面 4.25
HTTPServer.cpp

画面右中央の，

[Import this program]

をクリックします．**画面 4.25** に示すように，HTTPServer.cpp が開きます．
　リスト 4.5 に，HTTPServer.cpp を示します．
　リスト 4.5 に示したプログラムの説明をします．**画面 4.25** を見てください．このプログラムは，ライブラリ，

RPCInterface

を使用しています．ライブラリ内のクラス RPCFunction のインスタンスを，

RPCFunction rpcTestFunc (&testFunc, "testFunc");

と生成します．ここで，関数，

testFunc

第4章 http通信

リスト4.5　HTTPServer.cpp

```cpp
#include "mbed.h"
#include "EthernetNetIf.h"
#include "HTTPServer.h"
#include "RPCFunction.h"
EthernetNetIf eth;
HTTPServer svr;
LocalFileSystem fs("webfs");
//Create a function of the required format
void testFunc(char * input, char * output);
//Attach it to an RPC object
RPCFunction rpcTestFunc(&testFunc, "testFunc");
int main() {
  Base::add_rpc_class<DigitalOut>();
  Base::add_rpc_class<PwmOut>();
  Base::add_rpc_class<AnalogIn>();
  printf("Setting up...\r\n");
  EthernetErr ethErr = eth.setup();
  if (ethErr) {
    printf("Error %d in setup.\r\n", ethErr);
    return -1;
  }
  printf("Setup OK\r\n");
  FSHandler::mount("/webfs", "/"); //Mount /webfs path on web root path
  svr.addHandler<SimpleHandler>("/hello"); //Default handler
  svr.addHandler<RPCHandler>("/rpc");
  svr.addHandler<FSHandler>("/"); //Default handler
  svr.bind(80);
  printf("Listening...\r\n");
  Timer tm;
  tm.start();
  //Listen indefinitely
  while (true) {
    Net::poll();
    if (tm.read()>.5) {
      tm.start();
      printf("alive!\r\n");
```

```
    }
  }
  return 0;
}
void testFunc(char * input, char * output) {
  static int toggle=0;
  if (toggle != 0) {
    sprintf(output, "Hello");
    toggle = 0;
  } else {
    sprintf(output, "Bye !");
    toggle = 1;
  }
}
```

は，RPC の関数として登録します．リモートからの呼び名は同じ，

"testFunc"

です．ここで，最重要のポイントは，

[testFunc]は，mbed のメモリに格納される関数である

という点です．前節の xml ファイルは Android において実行されます．[testFunc]は，mbed において，実行されます．

> **注意**
> 実行の意味を取り違えないように，注意してください．
> ここでいうところの実行は，「解釈」という意味です．
> 最終的な動作は，当然 mbed 内において行われます．

第4章 http通信

画面 4.26 文字列のプリント

画面 4.27 文字列のプリント

リスト 4.5 の [testFunc] は，文字列，

> Hello
>
> Bye！

を交互にクライアントに投げます．
　それでは，プログラムを実行します．
　[Tera Term] をスタートします．
　プロジェクトを，コンパイルします．
　コンパイルは成功します．
　プログラムを mbed へロードし，実行します．**画面 4.26** に示すように，文字列がプリントされます．mbed は，

> クライアント待ち

の状態に入りました．
　まず，パソコンを使って，mbed へアクセスします．パソコンでブラウザ（この場合，IE）を立ち上げます．**画面 4.27** に示すように，URL に，

> http://192.168.11.4/rpc/

と入力して，[Enter] キーを押します．

4.4 RPCFunction

画面 4.28 文字列の入力

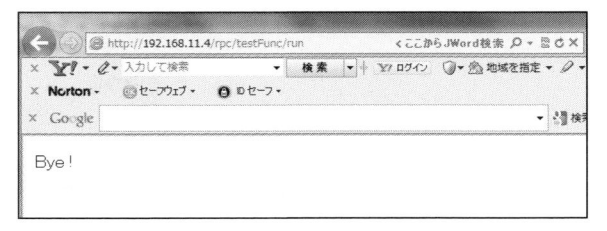

画面 4.29 testFunc の実行

画面に示すように，mbed の rpc に登録されている関数がプリントされます．作成した，

> testFunc

は，rpc のノードに登録されているのを確認できます．
　続けて，

> http://192.168.11.4/rpc/testFunc/

と入力して，［Enter］キーを押します．**画面 4.28** に示すように，

> rpcTestFunc

に登録されているアクションが表示されます．
　プログラムを実行したいので［run］を選択して，［Enter］キーを押します．**画面 4.29** に示すように，

> Bye！

とプリントされます．
　もう一度，実行してください．**画面 4.30** に示すように，

> Hello

がプリントされます．
　パソコンを使って，mbed の関数を実行しました．予期した通りの結果を得ました．

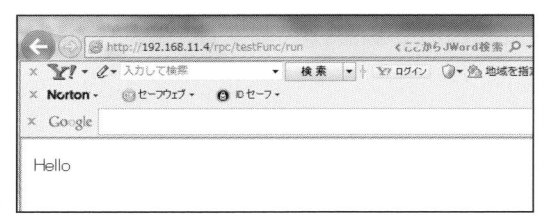

画面 4.30
testFunc の実行

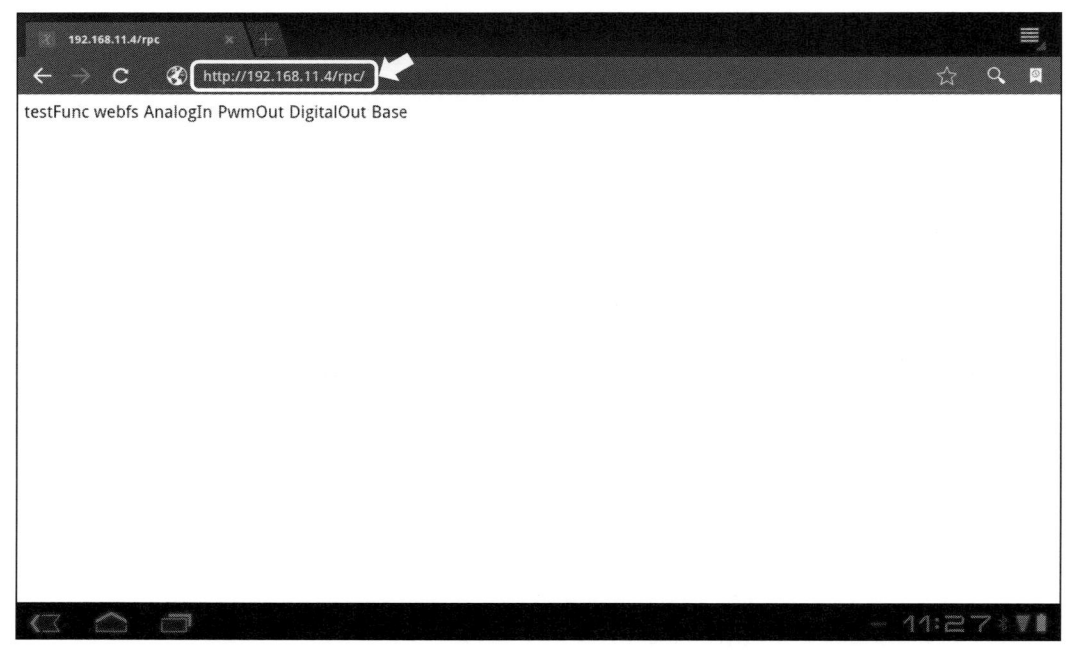

画面 4.31　URL の入力

Android を使って，同じ実験を行います．
Android を立ち上げます．
初期画面が開きます．初期画面において，

> ブラウザのアイコン

をタップします．ブラウザの画面が開きます．画面上部をタップして，**画面 4.31** に示すように，

> http://192.168.11.4/rpc/

画面 4.32　testFunc のアクション

と打ち込んで，→をタップします．
　パソコンと同じ結果が得られています．
　URL に，

http://192.168.11.4/rpc/testFnc

と記入して再実行します．**画面 4.32** に示すように，testFunc のアクションがプリントされます．
　最後に，

http://192.168.11.4/rpc/testFnc/run

と書き込んで再々度実行します．**画面 4.33** に示すように文字列がプリントされます．
　以上，パソコンのブラウザと Android のブラウザから，それぞれ mbed の関数へアクセスして，結果を取得する実験を行いました．

第4章 http通信

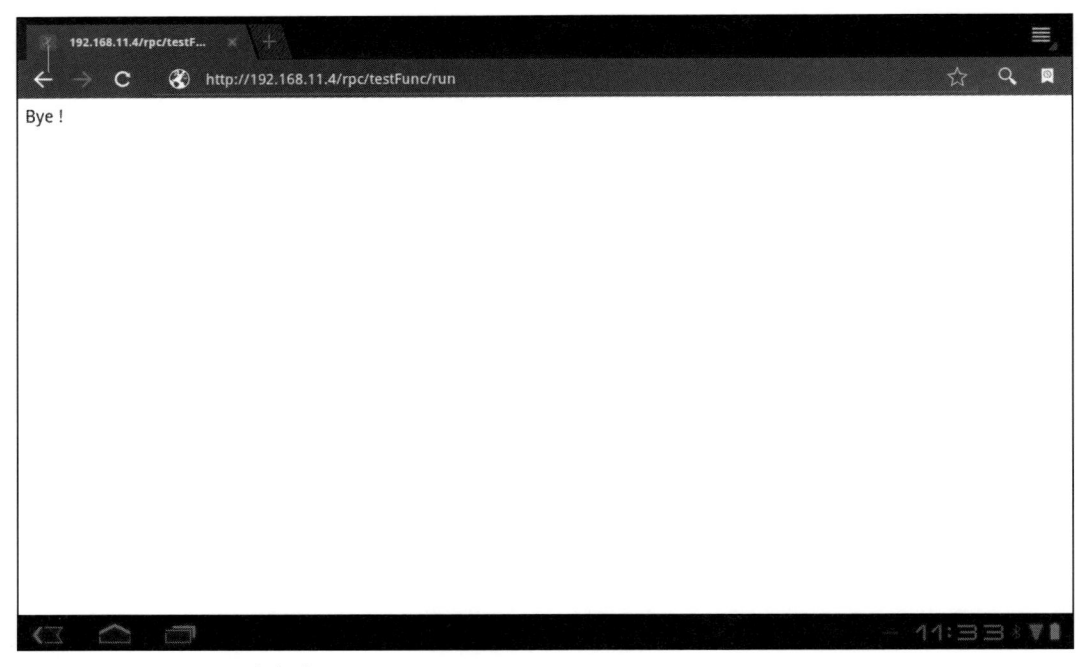

画面4.33　mbedからの文字列

4.5　MAPLEボードのスイッチ

　MAPLEボード上のスイッチの状態を取得して，この情報をAndroidへ送信するプログラムを作ります．
　前節において使用したプロジェクトHTTPServerをスタート台に選びます．登山で言えば，ベース・キャンプです．
　まず，ブラウザを立ち上げて，前節と同様に，

HTTPServer

をインポートします．その際，プロジェクトの名前を，

HTTPServer1

とします．MAPLEボードのスイッチを使用するので，ライブラリ，

```
PCF8674
```

をインポートします．メイン・プログラムは，

```
HTTPServer.cpp
```

です．これに対して，加筆修正を行います．修正した HTTPServer.cpp を**リスト 4.6** に示します．

リスト 4.6 において修正した箇所を説明します．プログラムは 0.5 秒ごとに［Tera Term］の画面に，

```
alive!
```

と出力します．画面いっぱいになると，画面全体が同じ文字列で占められるので，スクロールしていることが，判別できません．そこで，プリント文の頭に番号を付けることにしました．mbed が生きていれば番号は変化します．mbed が死ねば，番号は止まります．番号の変化によって，mbed の生死を判断します．

testFunc へ入ります．PCF8574 のプログラムは，すでに作成しました．その際に使用したテクニックをここでも使用しています．まず，

```
int data;
data = io.read();
```

として，MAPLE ボード上のスイッチの状態を読み込みます．

> **！注意**
> 関数 testFunc は，mbed 上で実行されるので，mdeb の命令を直接使用できます．ここが重要なポイントです．

スイッチの状態を RPC を使って，Android へ，

```
sprintf(output, "Hello %x", data);
```

リスト 4.6　修正した HTTPServer.cpp

```cpp
#include "mbed.h"
#include "EthernetNetIf.h"
#include "HTTPServer.h"
#include "RPCFunction.h"
#include "PCF8574.h"
PCF8574 io(p28,p27,0x40);
EthernetNetIf eth;
HTTPServer svr;
LocalFileSystem fs("webfs");
//Create a function of the required format
void testFunc(char * input, char * output);
//Attach it to an RPC object
RPCFunction rpcTestFunc(&testFunc, "testFunc");
int main() {
  Base::add_rpc_class<DigitalOut>();
  Base::add_rpc_class<PwmOut>();
  Base::add_rpc_class<AnalogIn>();
  printf("Setting up...\r\n");
  EthernetErr ethErr = eth.setup();
  if (ethErr) {
    printf("Error %d in setup.\r\n", ethErr);
    return -1;
  }
  printf("Setup OK\r\n");
  FSHandler::mount("/webfs", "/");         //Mount /webfs path on web root path
  svr.addHandler<SimpleHandler>("/hello"); //Default handler
  svr.addHandler<RPCHandler>("/rpc");
  svr.addHandler<FSHandler>("/");          //Default handler
  svr.bind(80);
  printf("Listening...\r\n");
  static int ctr = 0;
  Timer tm;
  tm.start();
  //Listen indefinitely
  while (true) {
    Net::poll();
```

4.5 MAPLE ボードのスイッチ

```
    if (tm.read()>.5) {
      tm.start();
      ctr++;
      printf("%d: alive!¥r¥n", ctr);
    }
  }
  return 0;
}
void testFunc(char * input, char * output) {
  static int toggle=0;
  int data;
  data = io.read();
  if (toggle != 0) {
    sprintf(output, "Hello %x", data);
    toggle = 0;
  } else {
    sprintf(output, "Bye ! %x", data);
    toggle = 1;
  }
}
```

投げます．

プロジェクトをコンパイルします．

コンパイルは成功します．コンパイルしたファイル,

```
HTTPServer1_LPC1768.bin
```

を mbed へダウンロードします．

mbed のリセット・スイッチを押します．画面 4.34 に示すように [Tera Term] に文字列がプリントされます．

Android をスタートします．

ブラウザを立ち上げます

ブラウザの画面において,

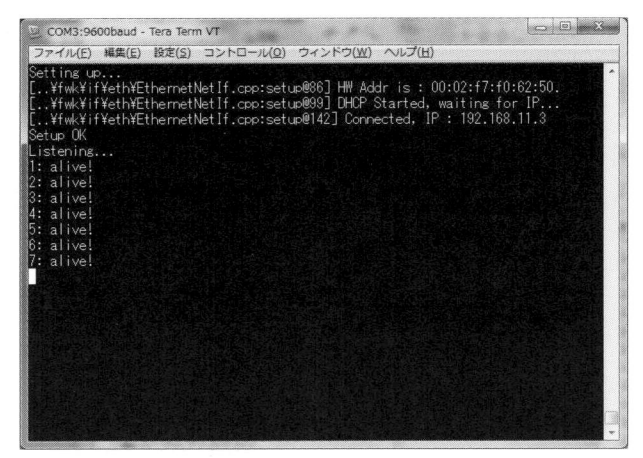

画面 4.34
mbed からの文字列

画面 4.35　ブラウザの画面

> http://192.168.11.3/rpc/rpcFunc/run

と入力します．ブラウザの画面は，**画面 4.35** に示すようにスイッチの状態をプリントします．
　MAPLE ボードの SW6 を押した状態で，Android ブラウザを更新します．**画面 4.36** に示すように，

画面 4.36　ブラウザの画面

スイッチの状態をプリントします．

以上，RPC に対応していない関数を Android から遠隔操作するテクニックを述べました．

4.6　RPCVariable

4.5 節では，RPCFunction を使うことによって mbed 上の任意の関数を遠隔から呼び出し，実行できることを示しました．

この節では，mbed の変数について，関数同様に，遠隔呼び出しできることを示します．

まず，mbed の [Cookbook] へアクセスします．

検索ボックスへ，

```
rpcvariable
```

と入力して，[Search] ボタンをクリックします．画面 4.37 に示すように，検索結果が表示されるので，トップの，

第 4 章　http 通信

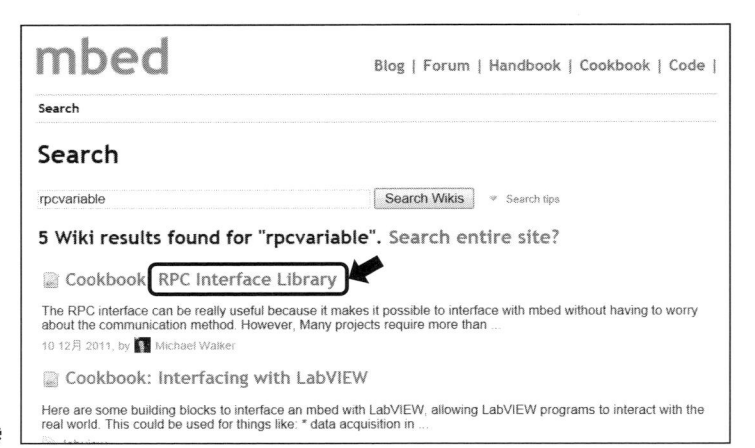

画面 4.37
rpcvariable の検索

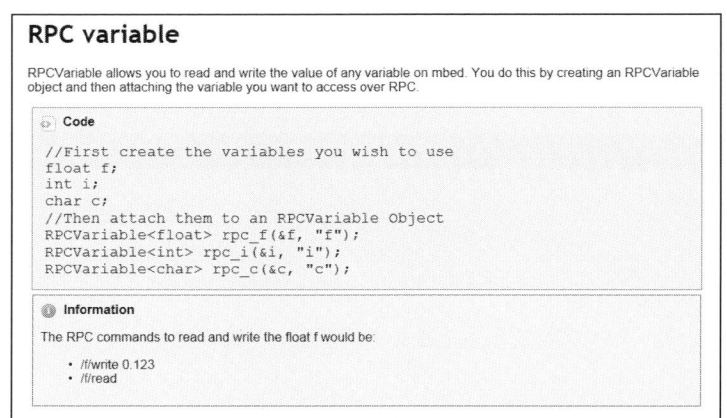

画面 4.38
**RPC variable の
セクション**

```
  RPC Interface Library
```

をクリックします．
　画面をスクロールすると**画面 4.38** に示すように，

```
  RPC variable
```

のセクションへ至ります．
　メイン・プログラムを**リスト 4.7** に示します．

4.6 RPCVariable

リスト 4.7 モータを制御するプログラム

```
/**
* Copyright (c)2010 ARM Ltd.
* Released under the MIT License: http://mbed.org/license/mit
*/
#include "mbed.h"
#include "QEI.h"
#include "Motor.h"
#include "SerialRPCInterface.h"
//Create the interface on the USB Serial Port
SerialRPCInterface SerialInterface(USBTX, USBRX);
QEI Encoder(p29 ,p30, NC, 48);
Motor Wheel(p23, p21, p22);
//Create float variables
float MotorOutput = 50;
float Percentage = 0;
//Make these variables accessible over RPC by attaching them to an RPCVariable
RPCVariable<float> RPCMotorOut(&MotorOutput, "MotorOutput");
RPCVariable<float> RPCPercentage(&Percentage, "Percentage");
int main(){
    Encoder.reset();
    float NoPulses;
    while(1){
        NoPulses = Encoder.getPulses();
        Percentage = ((NoPulses / 48) * 100);
        //RPC will be used to set the value of MotorOutput.
        Wheel.speed((MotorOutput - 50) * 2 / 100);
        wait(0.005);
    }
}
```

　リスト 4.7 は，モータを制御するプログラムです．同じモータを準備することは難しいので，プログラムのポイントを探って移植します．
　まず，ヘッダ・ファイル，

```
#include "SerialRPCInterface.h"
```

リスト4.8 修正したモータを制御するプログラム

```
#include "mbed.h"
#include "EthernetNetIf.h"
#include "HTTPServer.h"
#include "RPCFunction.h"
//#include "RPCInterface.h"
#include "SerialRPCInterface.h"
#include "PCF8574.h"
PCF8574 io(p28,p27,0x40);
EthernetNetIf eth;
HTTPServer svr;
LocalFileSystem fs("webfs");
//Create a function of the required format
void testFunc(char * input, char * output);
//Attach it to an RPC object
RPCFunction rpcTestFunc(&testFunc, "testFunc");
static int ctr = 0;
RPCVariable<int> rpcCTR(&ctr, "ctr");
//static int ctr = 0;
int main() {
  Base::add_rpc_class<DigitalOut>();
  Base::add_rpc_class<PwmOut>();
  Base::add_rpc_class<AnalogIn>();
  printf("Setting up...\r\n");
  EthernetErr ethErr = eth.setup();
  if (ethErr) {
    printf("Error %d in setup.\r\n", ethErr);
    return -1;
  }
  printf("Setup OK\r\n");
  FSHandler::mount("/webfs", "/"); //Mount /webfs path on web root path
  svr.addHandler<SimpleHandler>("/hello"); //Default handler
  svr.addHandler<RPCHandler>("/rpc");
  svr.addHandler<FSHandler>("/"); //Default handler
  svr.bind(80);
  printf("Listening...\r\n");
//    static int ctr = 0;
  Timer tm;
  tm.start();
  //Listen indefinitely
```

```
  while (true) {
    Net::poll();
    if (tm.read()>.5) {
      tm.start();
      ctr++;
      printf("%d: alive!\r\n", ctr);
    }
  }
  return 0;
}
void testFunc(char * input, char * output) {

    static int toggle=0;
    int data;
    data = io.read();

    if (toggle != 0) {
        sprintf(output, "Hello %x", data);
        toggle = 0;
    } else {
        sprintf(output, "Bye ! %x", data);
        toggle = 1;
    }
}
```

をインクルードしています．次に，遠隔操作する変数を，

  float MotorOutput = 50;
  float Percentage = 0;

というように定義します．最後に定義した変数に対して，RPC の名前付けをします．

  RPCVariable<float> RPCMotorOut (&MotorOutput, "MotorOutput");
  RPCVariable<float> RPCPercentage (&Percentage, "Percentage");

リスト 4.6 のプログラムを変更します．修正したプログラムをリスト 4.8 に示します．

リスト 4.6 において，変数，

> ctr

を使用して［Tera Term］の画面にプリントしました．ctr の値は，毎回 1 インクリメントされます．この ctr を遠隔操作します．

リスト 4.7 において，

> SerialRPCInterface.h

を使用しているので，これを新規にインクルードします．リスト 4.6 において使用した，

> RPCInterface.h

は，コメント・アウトします．変数 ctr を遠隔操作するので，これを RPC に，

> static int ctr = 0;
> RPCVariable<int> rpcCTR (&ctr, "ctr")；

として告知します．ctr を定義したので，メインの ctr は，

> //   static int ctr = 0;

として，コメント・アウトします．
　変更は，以上の 3 箇所です．
　プロジェクトをコンパイルします．コンパイルは，成功します．
　コンパイルした bin ファイルを mbed へロード実行します．［Tera Term］の画面に，文字列がプリントされます．
　Android を立ち上げます．
　ブラウザを立ち上げます．
　URL をタップすると，キーボードがポップアップするので，

4.6 RPCVariable

画面 4.39 RPC の選択肢

```
http://192.168.11.4/rpc/
```

と入力して，[Enter]キーをタップします．**画面 4.39** に示すように，RPC の選択肢がプリントされます．
URL をタップして，

```
http://192.168.11.4/rpc/ctr/
```

と書き込んで，[Enter]キーをタップします．
画面 4.40 に示すように，ctr の選択肢が表示されます．
URL をタップして，

```
http://192.168.11.4/rpc/ctr/read
```

と書き込んで，[Enter]キーをタップします．**画面 4.41** に示すように，その時点における ctr の値がプリントされます．

第 4 章　http 通信

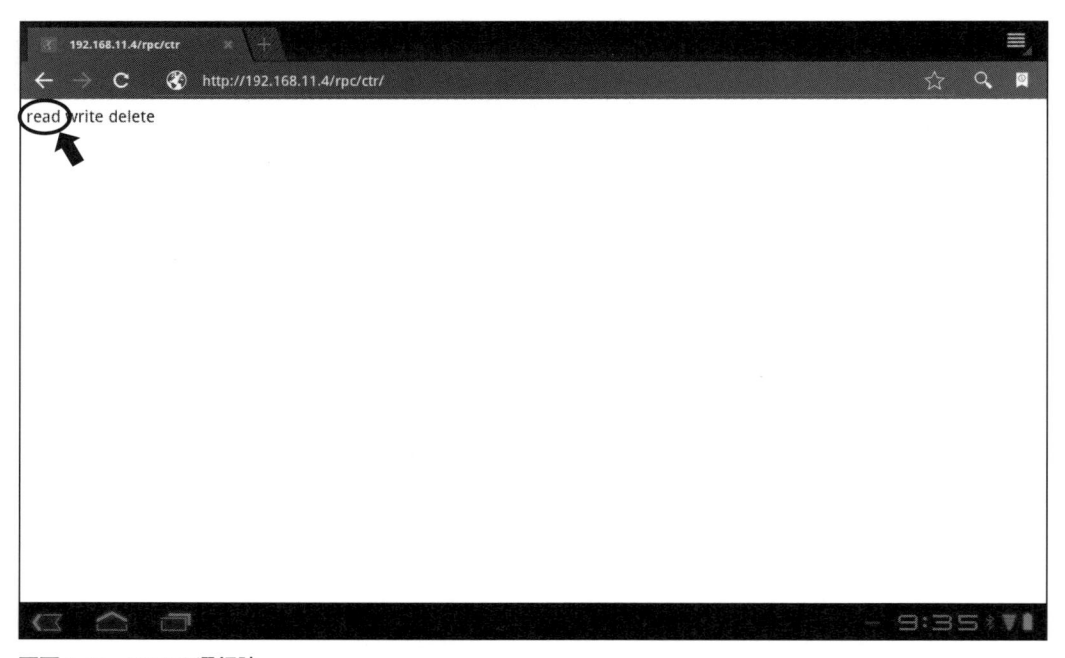

画面 4.40　RPC の選択肢

画面 4.41　ctr の値

画面 4.42　[Tera Term]の画面

今度は，mbed の ctr の値を変更します．Android ブラウザの URL に，

http://192.168.11.4/rpc/ctr/write 10

と記入して，[Enter]キーをタップします．**画面 4.42** に示すように ctr の値が変わります．

4.7　WebView

Android のコントロール WebView を使って，mbed と通信します．
Android のプロジェクトを新規に作成します．
eclipse を立ち上げます．
メニューから，

[File] → [New] → [Android Project]

とクリックします．**画面 4.43** に示すように，[New Android Project]のダイアログが開くので，画面に示すように書き込んで[Finish]ボタンをクリックします．
　画面において，二つのテキスト・ボックスには，

第4章 http 通信

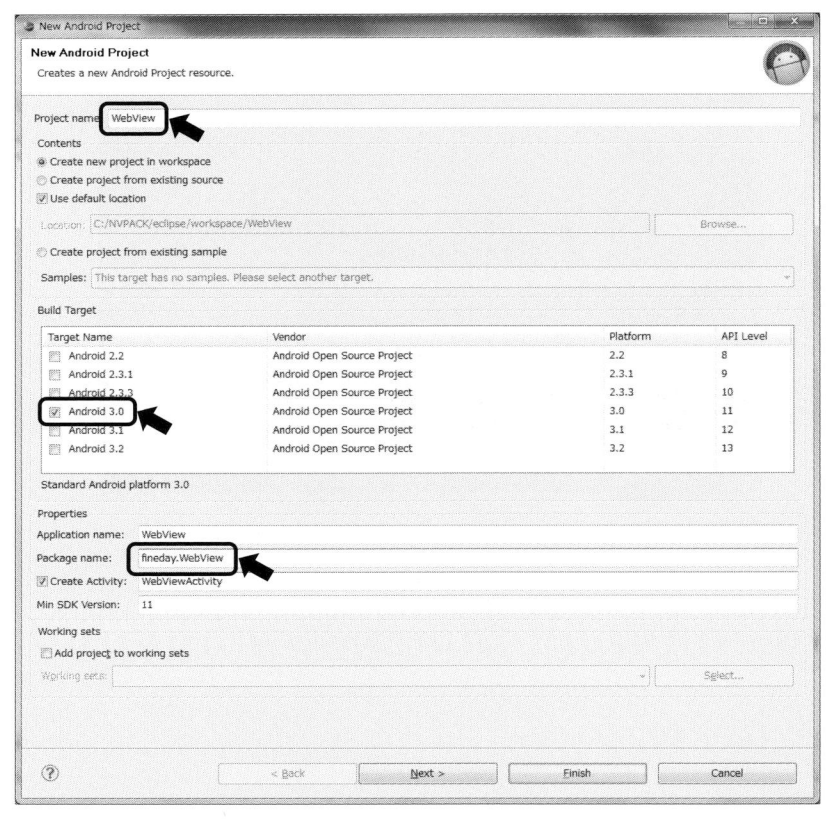

画面 4.43 ［New Android Project］のダイアログ

> Project name　WebView
> Package name　fineday.WebView

と記入します．［Build Target］は，

> Android 3.0

に，チェック・マークを入れます．
　AndroidManifest.xml を開いて，

> android.permission.INTERNET

4.7 WebView

画面 4.44 コントロールの配置

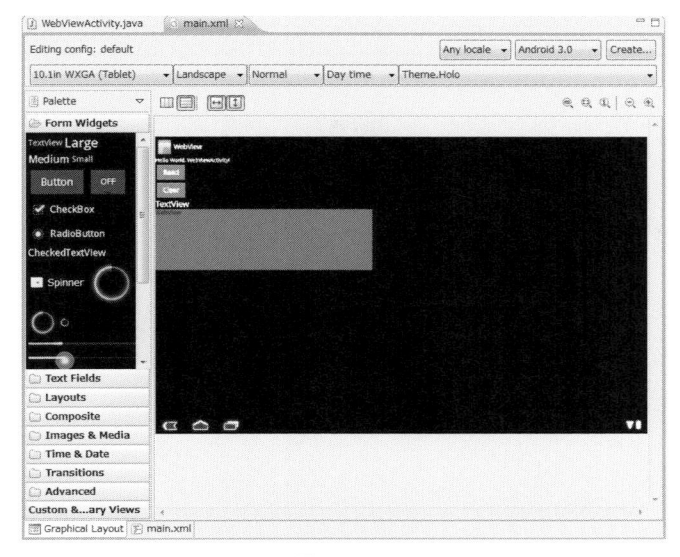

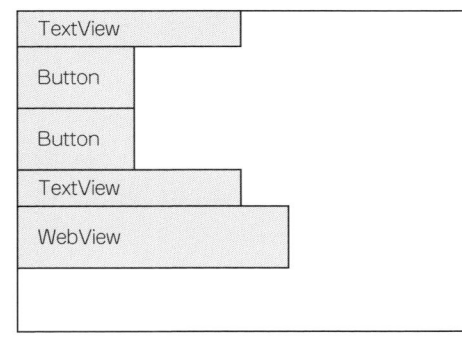

図 4.3 コントロールの配置

を追加します．

eclipse 画面左カラムの [Package Explorer] において，

[WebView] → [res] → [layout]

とクリックして，

main.xml

をダブルクリックします．

[Graphic Layout] のタブをクリックして，**画面 4.44** に示すようにコントロールを配置します．

コントロールの配置を**図 4.3** に示します．

使用するコントロールは，

```
ボタン        2
TextView     1
WebView      1
```

第4章 http通信

リスト4.9　WebViewActivity.java

```java
package fineday.WebView;
import android.app.Activity;
import android.os.Bundle;
import android.view.View;
import android.view.Window;
import android.webkit.WebSettings;
import android.webkit.WebView;
import android.widget.Button;
import android.widget.TextView;
public class WebViewActivity extends Activity implements View.OnClickListener {
  private WebView webView1;
  private TextView textView1;
  Button button1, button2;
  /** Called when the activity is first created. */
  @Override
  public void onCreate(Bundle savedInstanceState) {
    super.onCreate(savedInstanceState);
    requestWindowFeature(Window.FEATURE_NO_TITLE);
    setContentView(R.layout.main);
    textView1 = (TextView)this.findViewById(R.id.textView1);
    button1 = (Button)this.findViewById(R.id.button1);
    button1.setOnClickListener(this);
    button2 = (Button)this.findViewById(R.id.button2);
    button2.setOnClickListener(this);
    webView1 = (WebView)this.findViewById(R.id.webView1);
    WebSettings settings = webView1.getSettings();
    settings.setJavaScriptEnabled(true);
    settings.setSavePassword(false);
    settings.setSaveFormData(false);
    settings.setSupportZoom(false);
  }
  public void onClick(View arg0) {
    try {
      if (arg0 == button1) {
        webView1.loadUrl("http://192.168.11.4/rpc/ctr/read");
        textView1.setText("READ");
```

```
            } else {
              webView1.loadUrl("http://192.168.11.4/rpc/ctr/write 1");
              textView1.setText("CLEAR");
            }
        } catch (Exception e) {
            textView1.setText("ERROR");
        }
    }
}
```

です．プロジェクトを生成したときに，デフォルトで含まれる TextView は手を触れずに温存します．

WebViewActivity.java を**リスト 4.9** に示します．

リスト 4.9 に示したプログラムの説明をします．onCreate において，初期設定を行います．ユーザーが画面上の，

［Read］

ボタンをタップすると，mbed に対して，

webView1.loadUrl ("http://192.168.11.4/rpc/ctr/read");

を発行します．mbed において変数 ctr は RPCVariable として定義されているので，

mbed は，ctr の値

を Android へ返します．Android は，受け取った値を WebView 上に表示します．

ユーザーが画面上の，

［Clear］

第4章 http通信

画面 4.45 mbed のスタート

ボタンをタップすると，mbed に対して，

> webView1.loadUrl ("http://192.168.11.4/rpc/ctr/write 1");

を発行します．mbed は ctr の値に 1 をセットします．

プロジェクトをビルドします．
ビルドは成功します．
プログラムを，Android へロードします．
一方，mbed にはプログラム，

> HTTPServer2_LPC1768.bin

をロードします．［Tera Term］を開いて，mbed のプログラムをスタートします．画面 4.45 に示すように ctr の値は変化します．

Android において，プログラムをスタートします．画面 4.46 に示すように初期画面が開きます．
Android 画面の，

> ［Read］

ボタンをタップします．画面 4.47 に示すように mbed の ctr の値が表示されます．

画面 4.46　Android のスタート

画面 4.47　ctr の読み込み

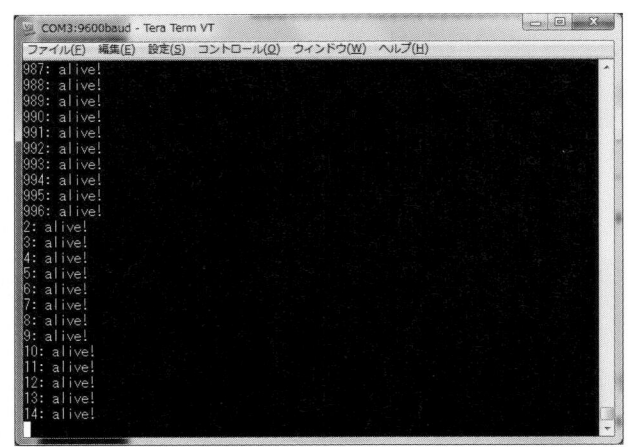

画面 4.48
ctr の値をクリアする

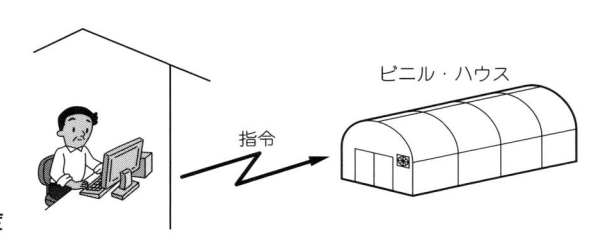

図 4.4
ビニル・ハウスの温度

Android 画面の，

[Clear]

ボタンをタップします．**画面 4.48** に示すように，[Tera Term]の画面において ctr の値が変化します．
Android の WebView を使うと，たとえば，

Android の画面においてビニル・ハウスの温度を見て，

その結果，

ビニル・ハウスの扇風機を作動する

など……，そういったシナリオを実現できます．

第5章　UDP通信

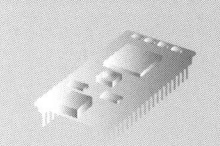

UDPプロトコルを使って，Androidタブレットとmbed間において通信するプログラムを作成します．

5.1　パソコン

通信プログラムを作成する際には，「石橋を叩いて渡る」という慎重な態度が必要です．

まず，確実に動作するプログラムを1本手に入れます．実機を使って，正常に動作することを確認します．そして，プログラムを一部，加筆修正などして，再度，動作を確認します．もし，動作がおかしければ，直ちに前のプログラムへ戻ります．こういったプロセスを繰り返して，プログラムに磨きをかけます．

この原則に従って，ここでは，まず最初に，

> パソコン ⇔ mbed

の通信プログラムを作成します．次に，

> パソコン ⇔ Android

の通信プログラムを作成します．最後にパソコンを除いて，

> Android ⇔ mbed

と両者が，直接通信するプログラムを作ります．三段跳のホップ，ステップ，ジャンプです．

それでは，最初に「ホップ」のステージへ入ります．

パソコンにおいて，UDPサーバを構築します．

パソコンは，エコー・サーバとします．エコー・サーバは，受信した文字列をそのままの状態でクライアント（この場合mbed）に対して返信します．

第5章 UDP通信

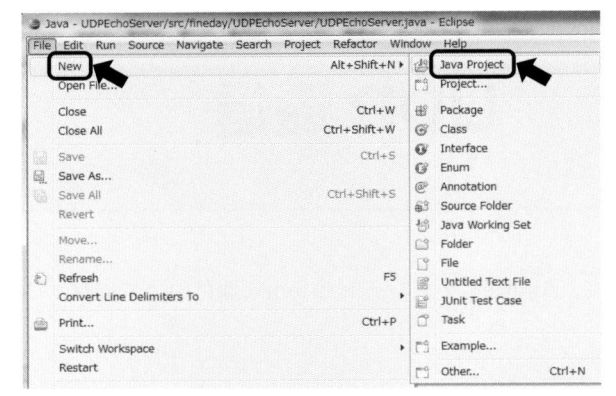

画面 5.1
Java プロジェクト

　パソコンには，豊富な資源があります．使用言語に関しても選択肢は多くあります．Android は本質的に Java なので，Java を使ってパソコン内にエコー・サーバを作成します．

　パソコンにおいて，エコー・サーバを Java によって構築する過程は，すでに参考文献(4)において詳しく述べました．しかし，すべての読者が，参考文献(4)を所持しているとは限らないので，パソコンでエコー・サーバを構築する過程を簡略化して述べます．詳細は，参考文献を参照してください．

　Java のプログラムを開発するので，IDE は eclipse です．
　eclipse を立ち上げます．メニューから，**画面 5.1** に示すように，

［ファイル］→［New］→［Java Project］

とクリックします．
　画面 5.2 に示すように，

［New Java Project］

のダイアログが開くので，画面に示すように［Project name］のテキスト・ボックスに，

UDPEchoJava

と記入して，画面下部の［Finish］ボタンをクリックします．
　画面 5.3 に示すようにプログラムを書き込みます．
　リスト 5.1 に UDPEchoJava.java を示します．

画面 5.2　［New Java Project］のダイアログ

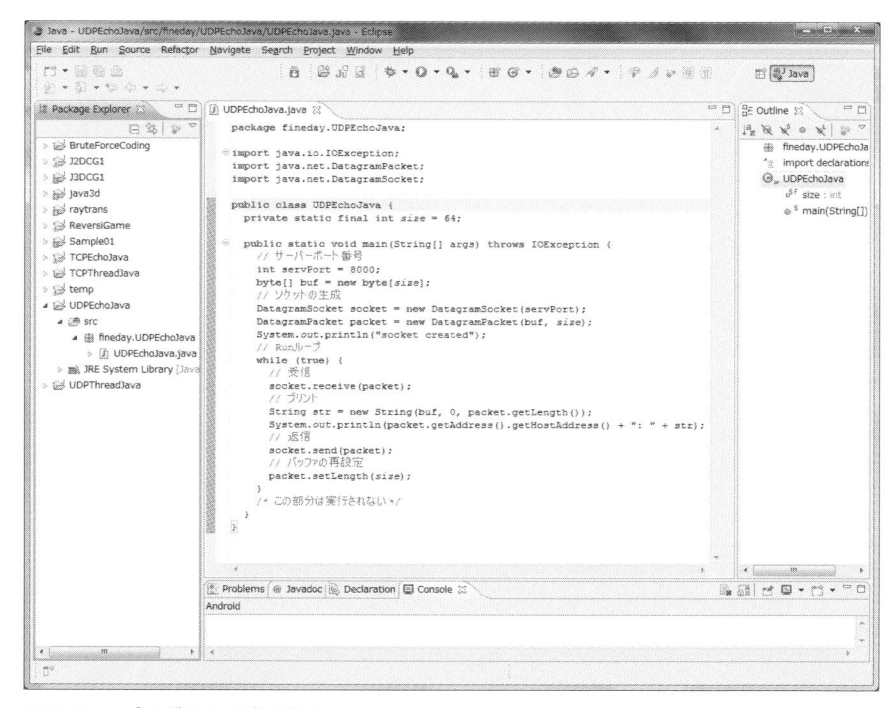

画面 5.3　プログラムの書き込み

第 5 章　UDP 通信

リスト 5.1　UDPEchoJava.java

```java
package fineday.UDPEchoJava;
import java.io.IOException;
import java.net.DatagramPacket;
import java.net.DatagramSocket;
public class UDPEchoJava {
  private static final int size = 64;
  public static void main(String[] args) throws IOException {
    // サーバポート番号
    int servPort = 8000;
    byte[] buf = new byte[size];
    // ソケットの生成
    DatagramSocket socket = new DatagramSocket(servPort);
    DatagramPacket packet = new DatagramPacket(buf, size);
    System.out.println("socket created");
    // Run ループ
    while (true) {
      // 受信
      socket.receive(packet);
      // プリント
      String str = new String(buf, 0, packet.getLength());
      System.out.println(packet.getAddress().getHostAddress() + ": " + str);
      // 返信
      socket.send(packet);
      // バッファの再設定
      packet.setLength(size);
    }
    /* この部分は実行されない */
  }
}
```

サーバのポート番号は，8000 として，

DatagramSocket
DatagramPacket

画面 5.4
検索の結果

を作成します．無限ループに入って，パケットを受信すると，

> socket.receive (packet)

それを発信元へ，

> socket.send (packet)

返信します．
　以上，パソコンで実行するエコー・サーバを作成しました．

5.2　mbed

　mbed のプログラムを作成します．mbed の URL から［Cookbook］へ入り，プログラムを検索します．検索のテキスト・ボックスに，

> UDP

と書き込んで，［Search］ボタンをクリックします．**画面 5.4** に示すように検索の結果が表示されます．
　最初のアイテム，

第5章 UDP通信

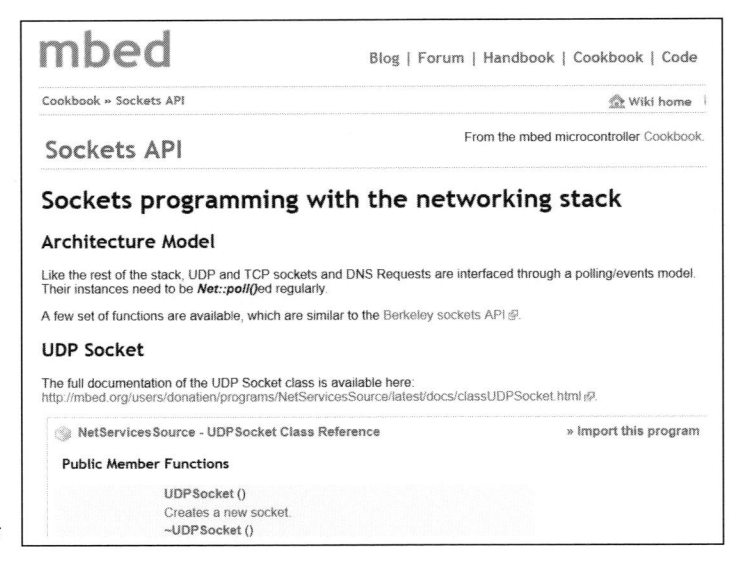

画面 5.5
Sockets API のページ

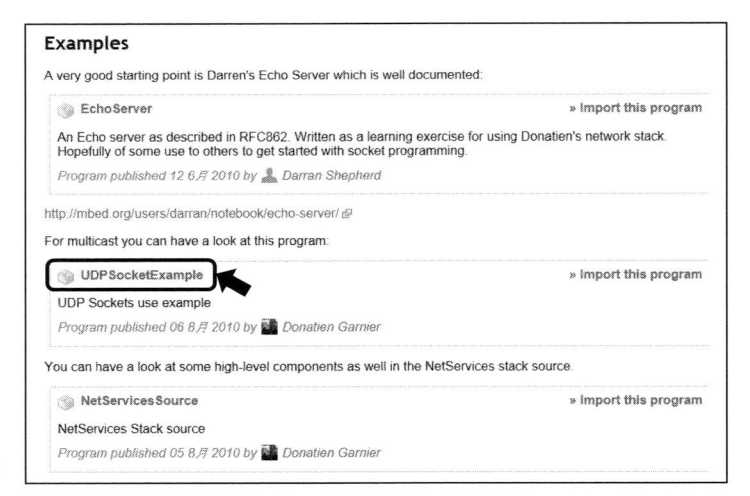

画面 5.6
［Examples］のページ

> Cookbook: Sockets API

をクリックします．**画面 5.5** に示すように Sockets API のページへ入ります．

画面をスクロールダウンすると，**画面 5.6** に示すように［Examples］のセクションへ至ります．

画面 5.6 の中央部に，文字列，

> UDPSocketExample

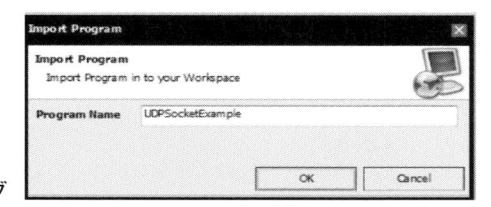

画面 5.7
[Import Program] のダイアログ

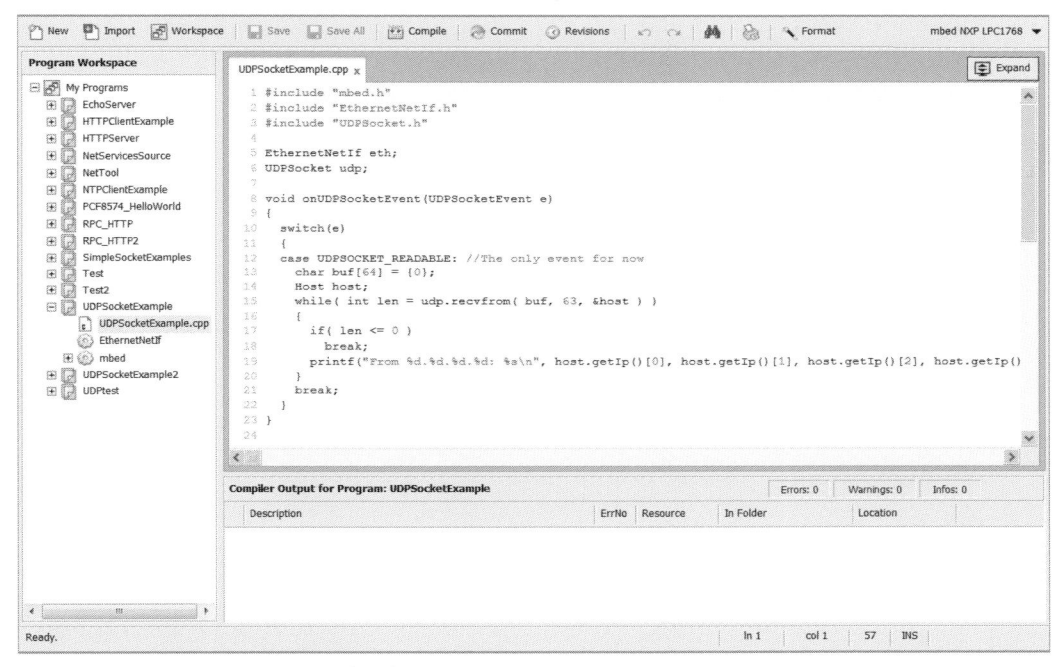

画面 5.8　UDPSocketExample のプロジェクト

があるので，右端の，

[Import this program]

をクリックします．**画面 5.7** に示すように，ダイアログ，

[Import Program]

がポップアップするので，

リスト 5.2　UDPSocketExample.cpp

```cpp
#include "mbed.h"
#include "EthernetNetIf.h"
#include "UDPSocket.h"
EthernetNetIf eth;
UDPSocket udp;
void onUDPSocketEvent(UDPSocketEvent e)
{
  switch(e)
  {
  case UDPSOCKET_READABLE: //The only event for now
    char buf[64] = {0};
    Host host;
    while( int len = udp.recvfrom( buf, 63, &host ) )
    {
      if( len <= 0 )
        break;
      printf("From %d.%d.%d.%d: %s\n", host.getIp()[0], host.getIp()[1],
        host.getIp()[2], host.getIp()[3], buf);
    }
    break;
  }
}
int main() {
  printf("Setting up...\n");
  EthernetErr ethErr = eth.setup();
  if(ethErr)
  {
    printf("Error %d in setup.\n", ethErr);
    return -1;
  }
  printf("Setup OK\n");
  Host multicast(IpAddr(192, 168, 11, 2), 8000, NULL);
  udp.setOnEvent(&onUDPSocketEvent);
  udp.bind(multicast);
  Timer tmr;
  tmr.start();
```

```
  while(true)
  {
    Net::poll();
    if(tmr.read() > 5)
    {
      tmr.reset();
      const char* str = "Hello world!";
      udp.sendto( str, strlen(str), &multicast );
      printf("%s\n", str);
    }
  }
}
```

[OK]

ボタンをクリックします．

画面 5.8 に示すように，mbed の IDE に UDPSocketExample のプロジェクトが格納されます．

リスト 5.2 にプロジェクトの本体，UDPSocketExample.cpp を示します．

リスト 5.2 に示したプログラムの説明をします．イーサネットのオブジェクトは，

EthernetNetIf.h

に記述されているので，このヘッダ・ファイルをインクルードします．EthernetNetIf ライブラリは，ダウンロードしたプロジェクト内にすでに含まれています．

mbed の役割はクライアントなので，ホスト・オブジェクト multicast を，

Host multicast (IpAddr (192, 168, 11, 2), 8000, NULL);

として生成します．IP アドレスは，サーバ（この場合パソコン）の IP アドレスです．

リスト 5.2 において記入した，

192, 168, 11, 2

は，私の実験環境における IP アドレスです．皆さんが実験する場合は，皆さんの環境に合わせて，この IP アドレスを変更してください．

ポート番号，

> 8000

は，サーバのプログラム（**リスト 5.1**）に記入した数値です．両者（**リスト 5.1** のポート番号と**リスト 5.2** のポート番号）は，一致する必要があります．

ネットワークの準備が完了すると，

> while ループ

へ入ります．タイマを使って 5 秒ごとに文字列，

> Hello World!

をサーバへ送信します．

今回使用しているサーバ（すなわち，パソコン）は，

> エコー・サーバ

なので，同じ文字列を返信します．

サーバから送られてくる文字列をイベントを使って拾います．

リスト 5.2 のプログラムは，イベント，

> onUDPSocketEvent (UDPSocketEvent e)

を使ってパケットを受信します．すなわち，文字列の送信は，

> メイン・プログラム

において実行して，受信とプリントは，

> スレッド

において実行します．

> **注意**
> イーサネットの受信プログラムはメインの動作をブロックします．このため，スレッドを生成して並行処理します．詳しくは，参考文献(4)を参照してください．

準備ができたので，実機を使って実験を行います．

まず，パソコンでサーバを立ち上げます．eclipse メニューから，

> [Run]→[Run]

とクリックします．あるいはキーボードから，

> [Ctrl]+[F11]

と入力します．**画面 5.9** に示すようにプログラムはスタートします．

> **注意**
> 書籍の画面で示すことは難しいのですが，画面下部の小さな四角形の色が，
> 　　白 → 赤
> に変わります．

コンソールのウインドウに，

> socket created

とプリントされています．サーバがスタートしました．

mbed に UDP クライアントのプログラム，

第5章　UDP通信

画面 5.9　UDPEchoJava

画面 5.10　プログラムの転送

```
UDPSocketExample_LPC1768.bin
```

を転送します．転送後の状況を**画面 5.10** に示します．

　mbed からの文字列を受けるために，パソコンにおいて [Tera Term] をスタートします．

　mbed のプログラムをスタートします．MAPLE ボード上の [START] スイッチを押します．**画面 5.11** に示すように，mbed が受信した文字列がプリントされます．

画面 5.11　mbed が受信した文字列

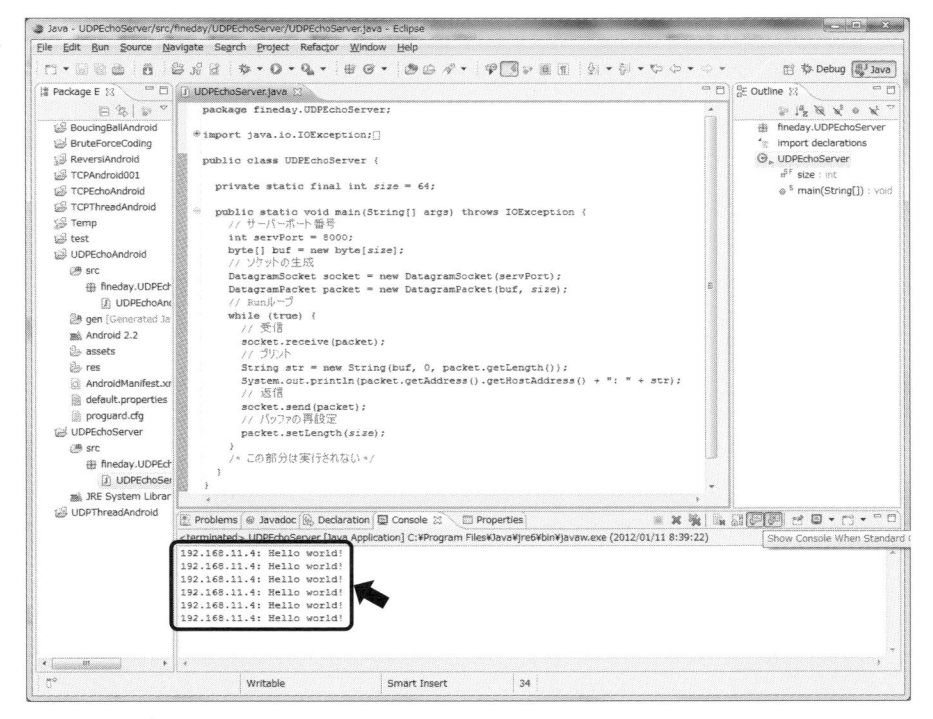

画面 5.12　パソコンの画面

　文字列は 5 秒ごとにプリントされます．パソコンの画面は，**画面 5.12** に示すように mbed から受信した文字列をプリントします．

　送受信は無限に続きます．mbed を停止するためには，**画面 5.13** に示すように mbed から，ファイル，

画面 5.13
プログラムの停止

```
UDPSocketExample_LPC1768.bin
```

を削除します．

ファイルを削除したならば，mbed の [START] スイッチを押します．これで mbed の動作が停止します．

パソコンのサーバを停止するためには，**画面 5.9**（156 ページ）に示した赤色の四角形をクリックします．四角形の色は，今度は逆に，

```
赤 → 白
```

に変化してサーバが停止します．

以上，パソコンと mbed を UDP 通信で結び，文字列を送受信する実験を行いました．

5.3 Android

パソコンと mbed を接続して UDP プロトコル通信の実験を行ったので，続いて，

```
パソコンと Android
```

を接続して，同じ実験を行います．パソコンのプログラムは，変更する必要はありません．同じプログ

5.3 Android

```
┌─────────────────────────────────────┐
│ EditView                            │
├─────────┬───────────────────────────┤
│ Button  │                           │
├─────────┤                           │
│ Button  │                           │
├─────────┤                           │
│ Button  │                           │
├─────────┴───────────────────────────┤
│ TextView                            │
├─────────────────────────────────────┤
│                                     │
└─────────────────────────────────────┘
```

図 5.1 ユーザ・インターフェースの配置

ラムを継続して使用します．

Android のプログラムを作成します．参考文献 (4) の 3.6 節 (81 ページ) に記載したプロジェクト，

> UDPEchoAndroid

を使用します．

Android 画面における，ユーザ・インターフェースの配置を**図 5.1** に示します．

EditText を 1 個，ボタン 3 個，TextView を 1 個使用します．

リスト 5.3 にメインのプログラム，

> UDPEchoAndroid.java

を示します．

サーバのアドレスとポート番号は，使用する環境に応じて変更します．パソコンのポート番号を 8000 としたので，**リスト 5.3** においてもポート番号を 8000 とします．両者は一致する必要があります．

それでは，パソコンと Android タブレット実機を使って，UDP 通信の実験を行います．

パソコンにおいて，

> UDPEchoServer

をスタートします．mbed の場合と同じ画面 (**画面 5.9**，156 ページ) が立ち上がります．サーバがスタートすると，画面右下部の四角形が赤色に変化します．

第5章 UDP通信

リスト 5.3　UDPEchoAndroid.java

```java
package fineday.UDPEchoAndroid;
import android.app.Activity;
import android.os.Bundle;
import android.view.View;
import android.view.Window;
import android.widget.Button;
import android.widget.EditText;
import android.widget.TextView;
import java.net.DatagramPacket;
import java.net.DatagramSocket;
import java.net.InetAddress;
import java.io.IOException;
public class UDPEchoAndroid extends Activity implements View.OnClickListener{
    private TextView textview1;
    private Button button1, button2, button3;
    private EditText edittext1;
    private String server = "192.168.11.3";
    private int port = 8000;
    private static final int sizeBuf = 64;
    private InetAddress serverAddress;
    private DatagramSocket socket;
    /** Called when the activity is first created. */
    @Override
    public void onCreate(Bundle savedInstanceState) {
        super.onCreate(savedInstanceState);
        requestWindowFeature(Window.FEATURE_NO_TITLE);
        setContentView(R.layout.main);
        textview1 = (TextView)this.findViewById(R.id.textView1);
        textview1.setText("UDPEchoAndroid");
        // Button
        button1 = (Button)this.findViewById(R.id.button1);
        button1.setOnClickListener(this);
        button2 = (Button)this.findViewById(R.id.button2);
        button2.setOnClickListener(this);
        button3 = (Button)this.findViewById(R.id.button3);
        button3.setOnClickListener(this);
```

```java
    // EditText
    edittext1 = (EditText)this.findViewById(R.id.editText1);
  }
  public void onClick(View arg0){
    int size = 0;
    if (arg0 == button1){
      try{
        serverAddress = InetAddress.getByName(server);
        socket = new DatagramSocket();
        printString("created");
      } catch (Exception e){
        printString("fail Create");
      }
    }
    if (arg0 == button2){
      try{
        socket.close();
        socket = null;
        printString("closed");
      } catch (Exception e) {
        printString("fail close");
      }
    }
    if (arg0 == button3){
      // 送信
      try {
        byte[] w = edittext1.getText().toString().getBytes("UTF8");
        size = w.length;
        DatagramPacket sendPacket = new DatagramPacket(w, size,
         serverAddress, port);
        socket.send(sendPacket);
        printString("SEND: " + edittext1.getText().toString());
      } catch (IOException e) {
        e.printStackTrace();
        printString("send fail");
      }
```

リスト 5.3　UDPEchoAndroid.java（つづき）

```java
      // 受信
      byte[] u = new byte[sizeBuf];
      try {
        DatagramPacket receivePacket = new DatagramPacket(u, u.length);
        socket.receive(receivePacket);
        printString(new String(u, 0, receivePacket.getLength(), "UTF8"));
      } catch (IOException e) {
        e.printStackTrace();
        printString("receive fail");
      }
    }
  }
  private void printString(final String str){
    textview1.setText(str + "¥n" + textview1.getText());
  }
}
```

　UDPEchoAndroid を Android にダウンロードして実行します．**画面 5.14** に示すように，初期画面が開きます．
　画面上から 2 行目，

　　［Create］

ボタンをクリックします．**画面 5.15** に示すようにソケットが生成されます．
　画面上から 3 行目の，

　　［Send］

ボタンをクリックします．Android の画面は，**画面 5.16** に示すように，

　　EditText

という文字列を送信して，同じ文字列を受信したことをプリントします．

5.3 Android

画面 5.14　Android の初期画面

画面 5.15　ソケットの生成

第5章　UDP通信

画面 5.16　Android の画面

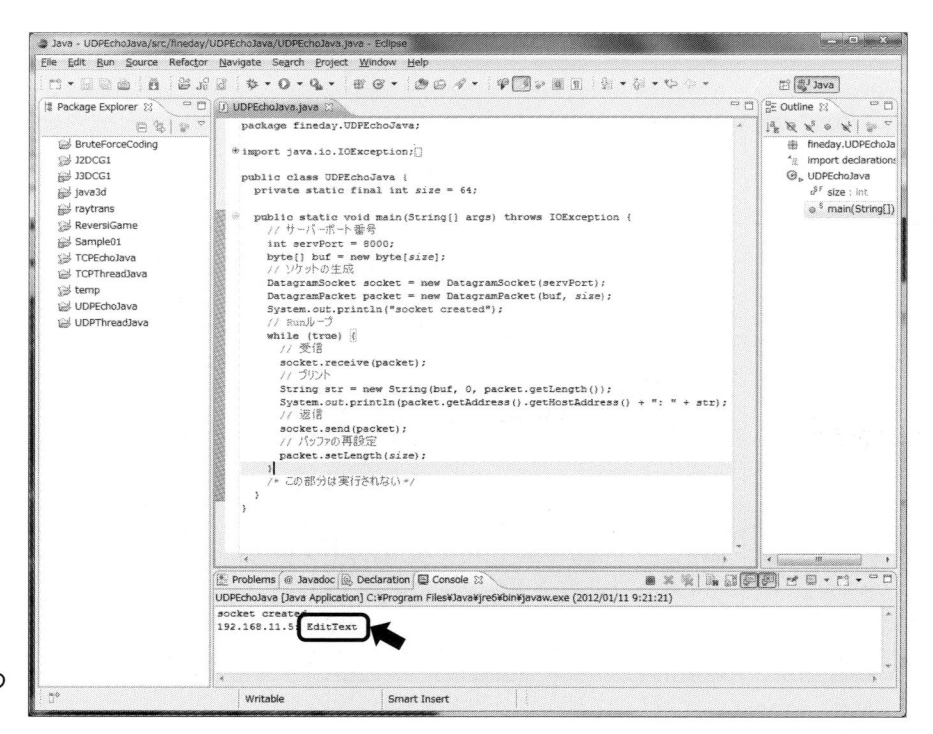

画面 5.17　パソコンの画面

画面 5.18 文字列の打ち込み

画面 5.19 Android の画面

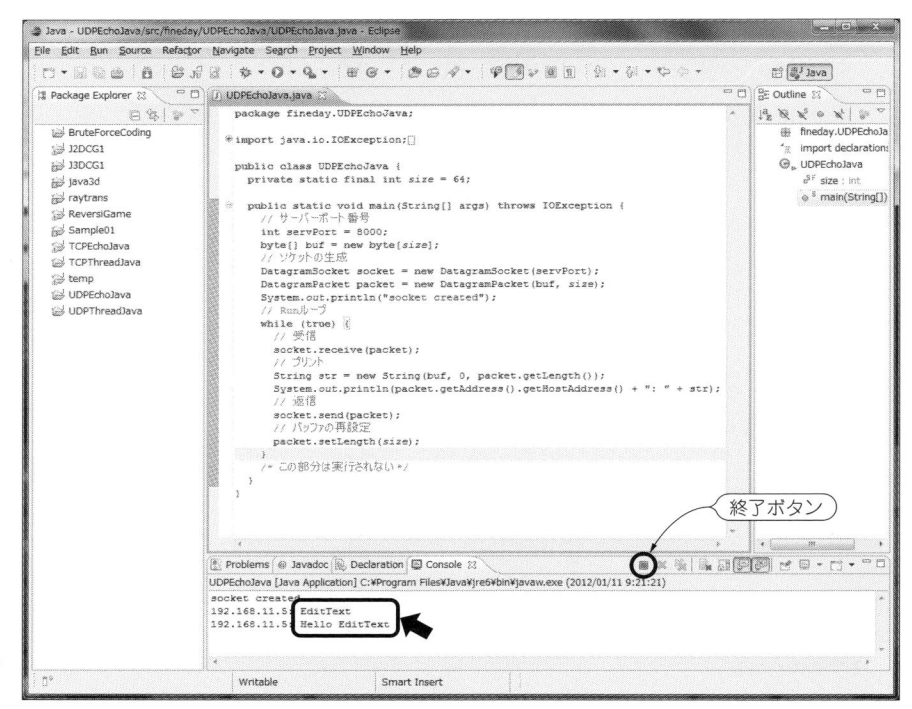

画面 5.20 パソコンの画面

一方で，パソコンの画面は，**画面 5.17** に示すように同じ文字列を受信したことを示します．

Android の画面において，キーを使って**画面 5.18** に示すように文字列を打ち込みます．

Android の [Send] ボタンをタップします．Android の画面は，**画面 5.19** に示すように文字列を送受信したことを示します．

パソコンの画面は，**画面 5.20** に示すように同じ文字列を受信したことを示します．

Android の [Close] ボタンをタップすると，Android のプログラムは終わります．パソコンの画面において赤い四角形をクリックすると，サーバのプログラムは終了します．

5.4 Android と mbed

パソコンと mbed，パソコンと Android を接続して実験を行いました．最後に mbed と Android を接続して UDP 通信を行います．

これまで使用したプログラムをそのままの形式で使用することは難しいので，修正します．

5.3 節において，mbed のプロジェクト UDPSocketExample は，5 秒間隔でサーバに対して文字列「Hello World!」を送信し，返信をプリントしました．

5.3 節において，Android は［EditText］に記載した文字列をサーバに対して送信し，受信した文字列とともに［TextView］へプリントしました．

最初の試行として，

> Android は，［EditText］の文字列を mbed へ送信
> mbed は，その文字列を受信して Android へ返信

というプログラムを作って実機実験を行います．要するに，mbed はサーバ，Android はクライアントという役割分担です．

mbed のプログラムを作成します．

eclipse を立ち上げます．

新規にプロジェクト，

> UDPSocketExampl2

を作成します．プロジェクトに，ライブラリ，

> EthernetNetIf

を取り込みます．

前回使用した UDPSocketExample.cpp を UDPSocketExample2 のメインへコピーして，修正します．修正後の UDPSocketExample.cpp を**リスト 5.4** に示します．

mbed は，Android が送信した文字列をイベント内において受信します．受信した文字列をパソコンの［Tera Term］へプリントします．そして，同じ文字列を Android へ返信します．

ここで，重要な注意点を述べます．

通常，サーバは，クライアントからのアクセスを待ちます．クライアントからのアクセスがあると，アクセスしたパケットから，クライアントの IP アドレスを抽出します．

サーバは，基本的にクライアントのアドレスを知りません．これに対してクライアントは，サーバのアドレスを知っています．サーバのアドレスを知らなければ，そのサーバにアクセスできないからです．

逆に，サーバの IP アドレスを知っているクライアントは，だれでもサーバに接続できます．これがクライアント・サーバの基本モデルです．

例を使って説明します．

リスト 5.4　修正後の UDPSocketExample.cpp

```cpp
#include "mbed.h"
#include "EthernetNetIf.h"
#include "UDPSocket.h"
EthernetNetIf eth;
UDPSocket udp;
void onUDPSocketEvent(UDPSocketEvent e)
{
  switch(e)
  {
  case UDPSOCKET_READABLE: //The only event for now
    char buf[64] = {0};
    Host host;
    while( int len = udp.recvfrom( buf, 63, &host ) )
    {
      if( len <= 0 )
        break;
      printf("From %d.%d.%d.%d: %s\n", host.getIp()[0], host.getIp()[1],
          host.getIp()[2], host.getIp()[3], buf);
      udp.sendto(buf, 63, &host);
    }
    break;
  }
}
int main() {
  printf("Setting up...\n");
  EthernetErr ethErr = eth.setup();
  if(ethErr)
  {
    printf("Error %d in setup.\n", ethErr);
    return -1;
  }
  printf("Setup OK\n");
  Host multicast(IpAddr(192, 168, 11, 5), 8000, NULL);
  udp.setOnEvent(&onUDPSocketEvent);
  udp.bind(multicast);
  Timer tmr;
```

```
  tmr.start();
  while(true)
  {
    Net::poll();
    if(tmr.read() > 5)
    {
      tmr.reset();
    }
  }
}
```

　皆さんが，たとえば，サッカーの試合を見に行くとき，何時に，どこで，どのチームが対戦するかは十分に知っています．ところが，サッカーの試合を開催する側は，だれが見に来るかしりません．

　この場合，サッカーの試合をする側はサーバで，観客はクライアントに似ています．

　インターネットにおいて情報を配信するような状況においては，クライアント・サーバの基本モデルは，うまく機能します．

　しかし，mbed の場合を考えると，クライアント・サーバの基本モデルをそのままの形で適用することは難しいと考えられます．

　mbed は，主として温度や圧力など，物理的な量を扱います．

　たとえば，モータを制御する場合などを考えると，mbed は任意のクライアントからのアクセスを受け付けることはできません．

　こういった状況に対処するために，ここでは mbed (**リスト 5.4**)，Android (**リスト 5.3**) のいずれも，ともに通信相手の IP アドレスを知っているとします．特定の IP アドレスのみと通信可能で，それ以外は通信不可とします．

　準備ができたので，mbed と Android 間において文字列を送受信する実験を行います．

　Android において，

　　UDPEchoAndroid

をスタートします．**画面 5.14** (163 ページ) が開きます．

　mbed において，

画面 5.21
mbed の受信文字列

> UDPSocketExample2

をスタートします．
　Android において，

> ［Create］

ボタンをタップします．
　UDP ソケットを生成します．同じ画面において，

> ［Send］

ボタンをタップします．mbed は**画面 5.21** に示すように，

> EditText

という文字列を受信します．
　Android の画面において，

> ［EditText］

画面 5.22　Android の送受信状況

をタップします．Android の画面にキーボードがポップアップします．このキーボードを使って，[EditText] に，

> fineday

と書き込みます．
　Android 画面の，

> [Send]

ボタンをタップします．Android の画面は，**画面 5.22** に示すように文字列，

> fineday

を送信して，同じ文字列を受信したことを示します．

第 5 章　UDP 通信

画面 5.23
mbed の受信文字列

画面 5.24　Android の送受信状況

　一方で，mbed の画面（すなわち，パソコン［Tera Term］の画面）は，**画面 5.23** に示すように同じ文字列を受信したことを示します．
　Android の画面において，**画面 5.24** に示すように文字列，

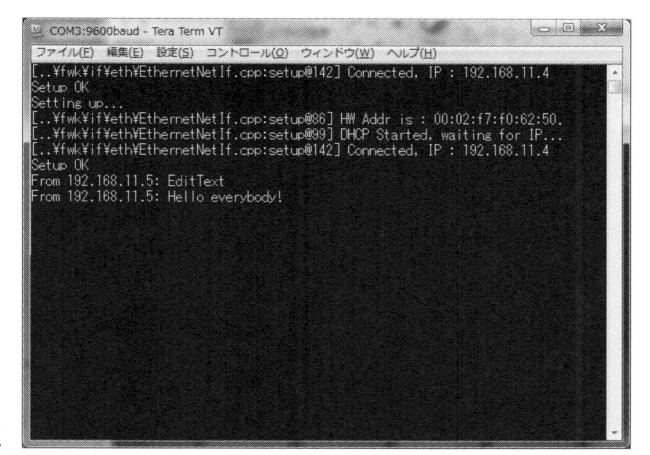

画面 5.25
mbed の送受信状況

画面 5.26　Android プログラムの終了

> Hello everybody!

を送信して，同じ文字列を受信したことを示します．
　一方で，mbed の画面は**画面 5.25** に示すように，同じ文字列を受信したことを示します．

第5章　UDP通信

画面 5.27
mbed の受信文字列

Android の画面において，

> ［Close］

ボタンをタップします．**画面 5.26** に示すように Android プログラムは終了します．

一方で，mbed の画面は**画面 5.27** に示すように終了文字列，

>][

を受信したことを示します．

mbed はサーバの役割を振ったので終了しません．次のアクセスを待ちます．

以上，Android と mbed を UDP 通信によって結び，文字列の送受信を行いました．

● 5.5　スレッド

参考文献(4)において詳しく述べましたが，**リスト 5.3** のプログラムには問題点があります．Android が受信状態に入ると，この受信プログラムは受信完了まで他のすべての動作をブロックします．Android 画面のボタンをタップしても応答はありません．フリーズしたような状態になります．

通信のテストにおいて使用することは可能ですが，現実の世界において使用することはできません．これは，**リスト 5.3** のようにメッセージの受信をメイン・プログラムにおいて行っているからです．この点が問題点です．

問題を解決するために，受信のプログラムをスレッドへ移動します．スレッドとメイン・プログラムは並行して走るので，受信スレッドがメイン・プログラムの動作をブロックすることはありません．

> **注意**
> 送信に対して時間が必要な場合は，送信のプログラムを同様にスレッドへ移す必要があります．ここでは，パケットの送信は瞬時に完了すると仮定しています．

スレッドは，プロセスと異なりプロジェクトのリソースに自由にアクセスできます．しかし，ここでまた別の問題が発生します．

受信スレッドにおいて，たとえば，受信した文字列を［TextView］にプリントするとします．勝手にプリントすることは厳禁です．なぜならば，並行して走っているメインも同じ［TextView］を使用中かもしれません．もし使用中ならば，メインとスレッド両者が同時に［TextView］へ書き込みを行うことになるので結果は不定です．

この衝突を避けるために，Android において Handler が用意されています．Handler は，道路の交通整理の役目を果たします．［TextView］が使用中の場合は，その他の要求は「待ち」です．こういった状況を十分に考慮してプログラムを作成します．

eclipse を立ち上げて，新規に Android のプロジェクトを作成します．

プロジェクトの名前を，

```
UDPThreadAndroid
```

とします．

プロジェクトは 3 本のファイル，

```
UDPThreadAndroid.java    メイン・プログラム
rcvThread.java           受信スレッド
Logger.java              文字列を［TextView］へプリント
```

によって構成します．**リスト 5.5** に，メイン・プログラム UDPThreadAndroid.java を示します．

リスト 5.6 に，スレッド・プログラム rcvThread.java を示します．

リスト 5.7 に，スレッド・プログラム Logger.java を示します．

プログラムの内容は，参考文献 (4) に詳しく説明しました．同じ文章を 2 箇所に重複して記述すること

第5章 UDP通信

リスト 5.5　メイン・プログラム UDPThreadAndroid.java

```java
package fineday.UDPThreadAndroid;
import android.app.Activity;
import android.os.Bundle;
import android.view.View;
import android.view.Window;
import android.widget.Button;
import android.widget.EditText;
import android.widget.TextView;
import java.net.DatagramPacket;
import java.net.DatagramSocket;
import java.net.InetAddress;
import java.io.IOException;
public class UDPThreadAndroid extends Activity implements View.OnClickListener{
    private TextView textview1;
    private Button button1, button2, button3;
    private EditText edittext1;
    private String server = "192.168.11.4";
    private InetAddress serverAddress;
    private int port = 8000;
    private DatagramSocket socket;
    private Thread rcvThread;
    public Logger logger;
    int flag;
    final char magic1 = '}';
    final char magic2 = '{';
    /** Called when the activity is first created. */
    @Override
    public void onCreate(Bundle savedInstanceState) {
        super.onCreate(savedInstanceState);
        requestWindowFeature(Window.FEATURE_NO_TITLE);
        setContentView(R.layout.main);
        // TextView
        textview1 = (TextView)this.findViewById(R.id.textView1);
        textview1.setText("UDPThreadAndroid");
```

```
    // Button
    button1 = (Button)this.findViewById(R.id.button1);
    button1.setOnClickListener(this);
    button2 = (Button)this.findViewById(R.id.button2);
    button2.setOnClickListener(this);
    button3 = (Button)this.findViewById(R.id.button3);
    button3.setOnClickListener(this);
    // EditText
    edittext1 = (EditText)this.findViewById(R.id.editText1);
    // Logger
    logger = new Logger(textview1);
}
public void onClick(View arg0){
    byte[] w;
    int size = 0;
    if (arg0 == button1){
      try{
        serverAddress = InetAddress.getByName(server);
        socket = new DatagramSocket();
        logger.log("Connected");
        rcvThread = new Thread(new rcvThread(socket, logger));
        rcvThread.start();
        logger.log("rcvThread started");
      } catch (Exception e){
        logger.log("fail connect");
      }
    }
    if (arg0 == button2){
      exitFromRunLoop();
      try{
        socket.close();
        socket = null;
        logger.log("closed");
      } catch (Exception e) {
```

リスト 5.5　メイン・プログラム UDPThreadAndroid.java（つづき）

```java
          logger.log("fail close");
        }
      }
      // 送信
      if (arg0 == button3){
        try {
          w = edittext1.getText().toString().getBytes("UTF8");
          size = w.length;
          DatagramPacket sendPacket = new DatagramPacket(w, size,
           serverAddress, port);
          socket.send(sendPacket);
          logger.log("SEND: " + edittext1.getText().toString());
        } catch (IOException e) {
          e.printStackTrace();
          logger.log("send fail");
        }
      }
    }
    // Run ループから脱出
    void exitFromRunLoop(){
      try {
        byte[] w = new byte[2];
        w[0] = magic1;
        w[1] = magic2;
        DatagramPacket sendPacket = new DatagramPacket(w, w.length,
            serverAddress, port);
        socket.send(sendPacket);
        logger.log(new String(w, 0,2, "UTF8"));
      } catch (IOException e) {
        logger.log("send fail");
        e.printStackTrace();
      }
    }
}
```

リスト 5.6　スレッド・プログラム rcvThread.java

```java
package fineday.UDPThreadAndroid;
import java.io.IOException;
import java.net.DatagramPacket;
import java.net.DatagramSocket;
public class rcvThread implements Runnable {
  private Logger logger;
  private final int sizeBuf = 32;
  private int flag;
  final char magic1 = '}';
  final char magic2 = '{';
  private DatagramSocket socket;
  // コンストラクタ
  public rcvThread(DatagramSocket socket, Logger logger){
    this.logger = logger;
    flag = 1;
    this.socket = socket;
  }
  // 受信
  public void run() {
  while(flag == 1){
    String str = "null";
    byte[] u = new byte[sizeBuf];
    try {
      DatagramPacket receivePacket = new DatagramPacket(u, u.length);
      socket.receive(receivePacket);
      int size = receivePacket.getLength();
      str = new String(u, 0, size, "UTF-8");
      if ((u[0] == magic1) && (u[1] == magic2))
        flag = 0;
        logger.log(str);
      } catch (IOException e) {
        e.printStackTrace();
      }
    }
    logger.log("RUN LOOP EXITED");
  }
}
```

リスト 5.7　スレッド・プログラム Logger.java

```java
package fineday.UDPThreadAndroid;
import android.os.Handler;
import android.widget.TextView;
class ps implements Runnable{
  TextView t;
  String s;
  public ps(TextView t, String s){
    this.t = t;
    this.s = s;
  }
  public void run(){
    t.setText(s + "\n" + t.getText());
  }
}
public class Logger {
  Handler h;
  TextView t;
  public Logger(TextView t){
    this.t = t;
    h = new Handler();
  }
  public void log(String s){
    h.post(new ps(t, s));
  }
}
```

は避けたいので，必要な人は文献を参照してください．

では，準備ができたので実機で実験を行います．

サーバ役の mbed をスタートします．bin ファイル，

> UDPSocketExample2_LPC1768.bin

を mbed へロードします．

mbed のリセット・スイッチ (MAPLE ボードの SW7) を押します．**画面 5.28** に示すように，mbed はスタートします．

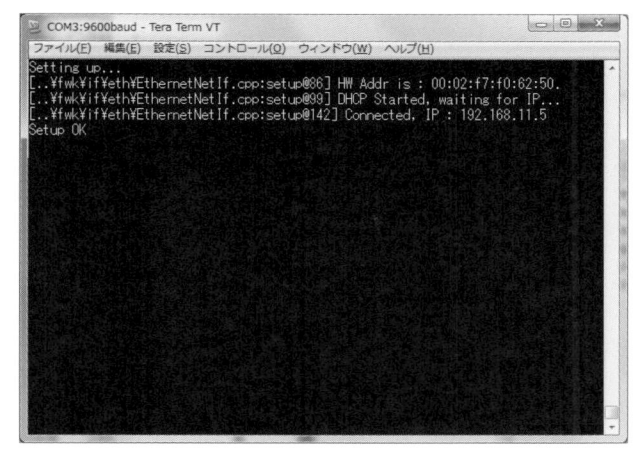

画面 5.28　mbed のスタート画面

画面 5.29　Android の初期画面

　Android で UDPThreadAndroid をスタートします．**画面 5.29** に示すように，Android の初期画面が開きます．
　Android 画面の［Connect］ボタンをタップします．**画面 5.30** に示すように，

第 5 章　UDP 通信

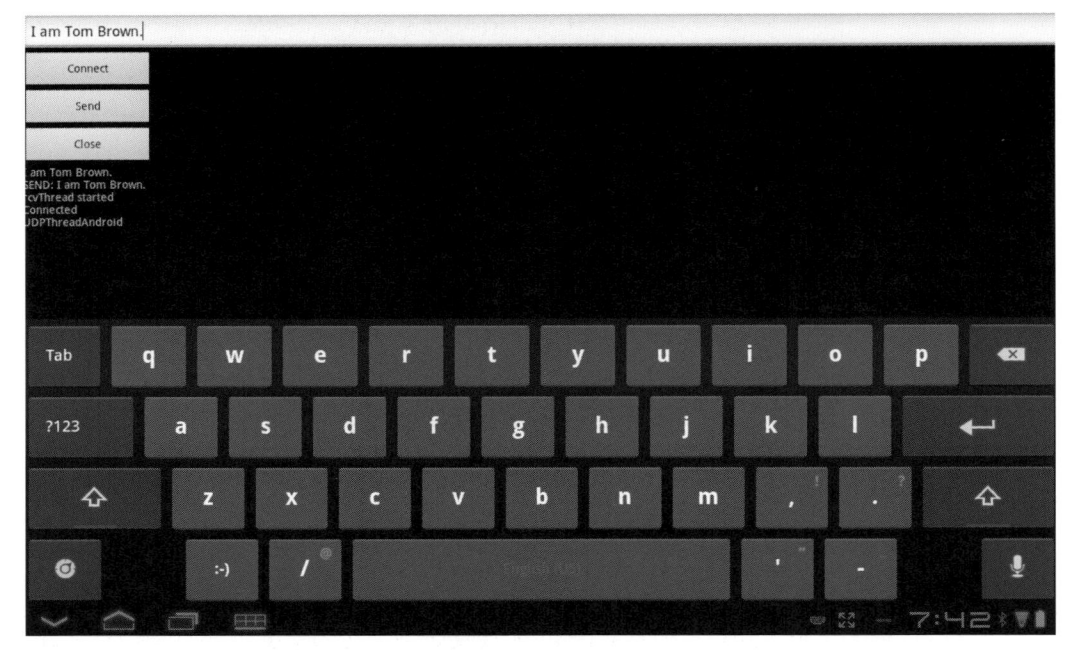

画面 5.30　Android の送受信

```
Connected
```

とプリントされ，続いて，

```
rcvThread started
```

とプリントされます．
　受信スレッドはスタートしました．
　[EditText]の文字列を画面に示すように，

```
I am Tom Brown.
```

と変更して，

```
[Send]
```

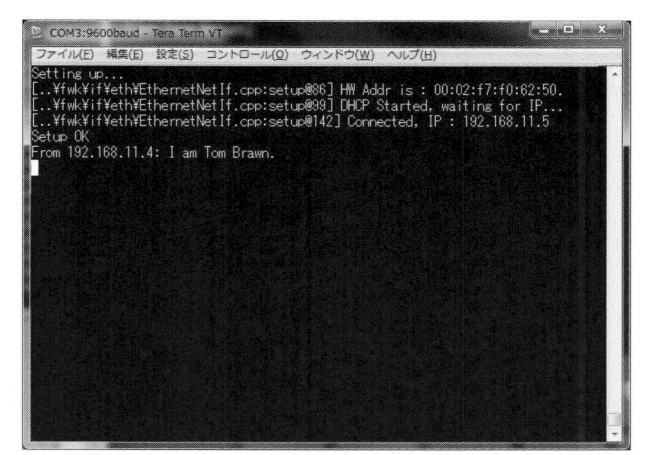

画面 5.31
mbed の受信の表示

画面 5.32　Android の終了

ボタンをタップします．画面に示すように同じ文字列が返ります．
　一方で，mbed は**画面 5.31** に示すように文字列，

I am Tom Brown.

第 5 章　UDP 通信

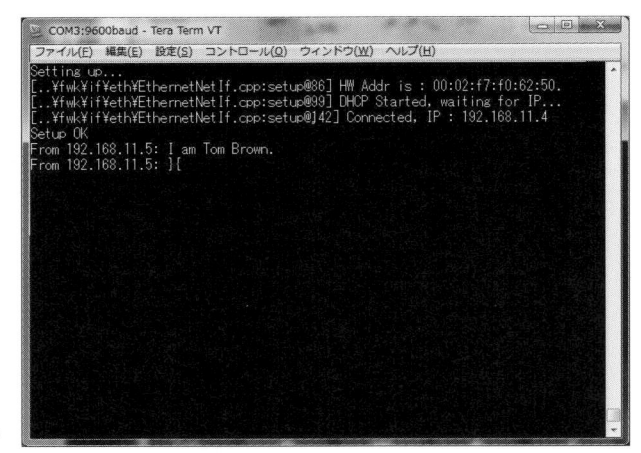

画面 5.33
mbed 終了信号受信

を受信したことを示します．
　Android の画面において，

　　［Close］

ボタンをタップします．Android は**画面 5.32** に示すように終了します．
　mbed は**画面 5.33** に示すように Android からの終了信号を受信します．
　プログラムは，while ループに入っているので終了はしません．

5.6　文字列の表示

　Android が送信した文字列を MAPLE ボードの TextLCD に表示するプログラムを作成します．Android は，前節のプロジェクト，

　　UDPThreadAndroid

を使います．
　mbed のプロジェクトは，新規にプロジェクト，

　　UDPSocketExample3

5.6 文字列の表示

リスト 5.8 　メイン・プログラム UDPSocketExample.cpp

```cpp
#include "mbed.h"
#include "EthernetNetIf.h"
#include "UDPSocket.h"
#include "TextLCD.h"
TextLCD lcd(p25, p24, p12, p13, p14, p23);
EthernetNetIf eth;
UDPSocket udp;
DigitalOut led1(LED1);
void onUDPSocketEvent(UDPSocketEvent e)
{
  switch(e)
  {
  case UDPSOCKET_READABLE: //The only event for now
    char buf[64] = {0};
    Host host;
    while( int len = udp.recvfrom( buf, 63, &host ) )
    {
      if( len <= 0 )
        break;
      printf("From %d.%d.%d.%d: %s\n", host.getIp()[0], host.getIp()[1],
          host.getIp()[2], host.getIp()[3], buf);
      lcd.printf("%s\n", buf);
      udp.sendto(buf, 63, &host);
    }
    break;
  }
}
int main() {
  lcd.cls();
  printf("Setting up...\n");
  EthernetErr ethErr = eth.setup();
  if(ethErr)
  {
    printf("Error %d in setup.\n", ethErr);
    return -1;
  }
```

リスト5.8 メイン・プログラム UDPSocketExample.cpp（つづき）

```
  printf("Setup OK\n");
  Host multicast(IpAddr(192, 168, 11, 2), 8000, NULL);
  udp.setOnEvent(&onUDPSocketEvent);
  udp.bind(multicast);
  Timer tmr;
  led1 = 1;
  tmr.start();
  while(true)
  {
    Net::poll();
    if(tmr.read() > 5)
    {
      led1 = !led1;
      tmr.reset();
    }
  }
}
```

を作成します．プロジェクトを立ち上げる過程は，これまでと同じです．

リスト5.8に，メイン・プログラム UDPSocketExample.cpp を示します．

UDPSocketExample2のプログラムに対して，第3章の3.6節（80ページ）において作成したTextLCDのプログラム（罫線部）を追加しました．プログラムの内容は，皆さんでチェックしてください．

プロジェクトをコンパイルします．

コンパイルは，成功します．

mbedにファイル，

> UDPSocketExample3_LPC1768.bin

をロードします．

Androidに，前節同様に，

> UDPThreadAndroid

をロードします．初期画面（**画面 5.29**，181 ページ）が開きます．

Android の画面において，

> ［Connect］

ボタンをタップします．mbed の TextLCD に，

> EditText

と表示されます（**画面 5.29**，181 ページ）．

読者の皆さんは実機を使って実験を行い，結果を確認してください．

以上，Android が mbed に対して送信した文字列を mbed の TextLCD に表示するプログラムを作りました．

5.7 コマンド

前節 5.6 では，mbed と Android 間において文字列を送受信するプログラムを作りました．

このプログラムをベースにして，Android から mbed に対して文字列を送信し，mbed はそれを解読して処理を行うプログラムを作ります．

Android が mbed に対して送信する文字列をコマンドと呼びます．mbed が行う処理をジョブと呼びます．mbed はサーバ，Android はクライアントという役割分担です．

Android において引き続いて，

> UDPThreadAndroid

を使用します．

mbed で新規にプロジェクト，

> UDPSocketExample3

を作成します．**リスト 5.9** に，

第5章　UDP 通信

リスト 5.9　**UDPSocketExample3.cpp**

```cpp
#include "mbed.h"
#include "EthernetNetIf.h"
#include "UDPSocket.h"
#include "TextLCD.h"
#include "PCF8574.h"
TextLCD lcd(p25, p24, p12, p13, p14, p23);
PCF8574 io(p28,p27,0x40);
EthernetNetIf eth;
UDPSocket udp;
DigitalOut led1(LED1);
DigitalOut led2(LED2);
DigitalOut led3(LED3);
DigitalOut led4(LED4);
bool flag;
void onUDPSocketEvent(UDPSocketEvent e)
{
  switch(e)
  {
  case UDPSOCKET_READABLE: //The only event for now
    char buf[64] = {0};
    char buf2[16] = {0};
    Host host;
    while( int len = udp.recvfrom( buf, 63, &host ) )
    {
      if( len <= 0 )
        break;
      printf("From %d.%d.%d.%d: %s\n", host.getIp()[0], host.getIp()[1],
        host.getIp()[2], host.getIp()[3], buf);
      lcd.printf("%s\n", buf);
      int data, num;
      if (buf[0] == '@')
      {
        switch (buf[1])
        {
        case '}':
          flag = false;
```

188

```
      printf("mbed closed¥n");
      break;
    case 'w':
      data = io.read();
      num = sprintf(buf2, "%x", data);
      buf2[num] = 0;
      udp.sendto(buf2, num + 1, &host);
      break;
    case 's':
      switch (buf[2])
      {
      case '2':
        led2 = 1;
        break;
      case '3':
        led3 = 1;
        break;
      case '4':
        led4 = 1;
        break;
      default:
        printf("number must be 2, 3, 4¥n");
      }
      break;
    case 'c':
      switch (buf[2])
      {
      case '2':
        led2 = 0;
        break;
      case '3':
        led3 = 0;
        break;
      case '4':
        led4 = 0;
        break;
```

リスト 5.9　UDPSocketExample3.cpp（つづき）

```cpp
        default:
          printf("number must be 2, 3, 4¥n");
        }
        break;
      case 'r':
        switch (buf[2])
        {
        case '2':
          led2 = !led2;
          break;
        case '3':
          led3 = !led3;
          break;
        case '4':
          led4 = !led4;
          break;
        default:
          printf("number must be 2, 3, 4¥n");
        }
        break;
      case 'a':
        switch (buf[2])
        {
        case 'c':
          led2 = 0;
          led3 = 0;
          led4 = 0;
          break;
        case 's':
          led2 = 1;
          led3 = 1;
          led4 = 1;
          break;
        case 'r':
          led2 = !led2;
          led3 = !led3;
```

```
              led4 = !led4;
              break;
            default:
              printf("must be c, s, r\n");
          }
          break;
        default:
          printf("undefined command\n");
      }
    }
    else
    {
      printf("not a command\n");
    }
  }
  break;
  }
}
int main() {
  lcd.cls();
  printf("Setting up...\n");
  EthernetErr ethErr = eth.setup();
  if(ethErr)
  {
    printf("Error %d in setup.\n", ethErr);
    return -1;
  }
  printf("Setup OK\n");
  Host multicast(IpAddr(192, 168, 11, 4), 8000, NULL);
  udp.setOnEvent(&onUDPSocketEvent);
  udp.bind(multicast);
  Timer tmr;
  led1 = 1;
  tmr.start();
  flag = true;
  while(flag)
```

リスト 5.9　UDPSocketExample3.cpp（つづき）

```
    {
      Net::poll();
      if(tmr.read() > 1)
      {
        led1 = !led1;
        tmr.reset();
      }
    }
  }
```

表 5.1　使用しているコマンド

第1文字	第2文字	第3文字	ジョブ
@	｜		終了
	w		スイッチ状態送信
	s	1	LED1点灯
		2	2
		3	3
		4	4
	C	1	LED1消灯
		2	2
		3	3
		4	4
	r	1	LED1反転
		2	2
		3	3
		4	4
	a	c	全LED消灯
		s	全LED点灯
		r	全LED反転
@以外			非コマンド

UDPSocketExample3.cpp

を示します．
　ここで使用しているコマンドを**表 5.1** に示します．
　たとえば，Android から文字列,

> @s2

を mbed へ送信すると mbed の LED2 は点灯します．
　文字列，

> @w

を送信すると，mbed は MAPLE ボード上のスイッチの状態を取得して，それを Android へ返信します．
　文字列，

> @|

を送信すると mbed のプログラムは終了し，同時に Android の受信スレッドも終了します．
　プロジェクトをコンパイルします．
　コンパイルは成功します．
　プログラムを mbed へロードします．
　Android において，

> UDPThreadAndroid

をスタートします．Android の初期画面（**画面 5.29**，181 ページ）が開きます．
　Android 画面の，

> ［Connect］

ボタンをタップします．Android は mbed へ接続します．
　Android 画面の［EditText］に対して，たとえば，**画面 5.34** に示すように，

> @s2

と書き込んで，

第 5 章　UDP 通信

画面 5.34　LED2 の点灯

[Send]

ボタンをタップします．
　mbed の LED2 が点灯します．
　Android の[EditText]に対して**画面 5.35** に示すように，

@w

と書き込んで，

[Send]ボタン

をタップします．
　画面に示すように，スイッチの状態は Android 画面の[TextView]にプリントされます．
　mbed の MAPLE ボード上の，

画面 5.35　スイッチ状態の取得

```
SW6
```

を押した状態で再度 Android の，

```
［Send］ボタン
```

をタップします．**画面 5.36** に示すように SW6 が ON になったので，文字列，

```
fe
```

が返ってきます．
　Android の画面において，

```
［Close］ボタン
```

画面 5.36　スイッチ状態の取得

画面 5.37　Android の終了

画面 5.38
mbed の終了

をタップします．**画面 5.37** に示すようにプログラムを終了します．

一方で，mbed は**画面 5.38** に示すようにプログラムを終了します．

5.8 ユーザ・インターフェース

コマンド送信の際に，Android の［EditText］に文字列を書き込む作業はどう考えても時代にマッチしないので，これを UI に変更します．

mbed において前節と同じ，

UDPSocketExample3

を使います．Android で新規にプロジェクト，

UDPAndroid

を作成します．ユーザ・インターフェースを**画面 5.39** に示します．

［EditText］と［Send］ボタンは不要になったので削除しました．［Connect］，［Close］ボタンは残しました．

［LED1］ボタンをタップすると，mbed 上の LED1 の状態は反転します．以下，［LED2］，［LED3］，［LED4］に関しても同様です．

第5章 UDP通信

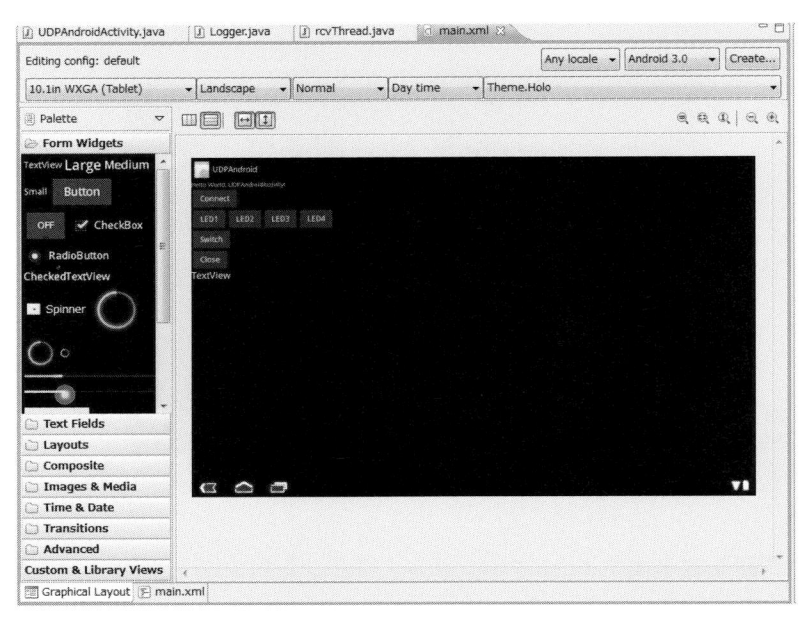

画面 5.39 ユーザ・インターフェース

［Switch］ボタンをタップすると，MAPLE ボードのスイッチの状態を取得して［TextView］へ表示します．

プロジェクトのファイルは，

> UDPAndroidActivity.java
> rcvThread.java
> Logger.java

の3本です．このなかの2本，すなわち，

> rcvThread.java
> Logger.java

に変更はありません．

リスト 5.10 に UDPAndroidActivity.java を示します．

前節のプログラムは，［EditText］に記入した文字列を取得して，これを mbed へ送信しました．今回は，画面のボタンをタップしたときに，コマンドを mbed へ送信するように変更しました．プログラム

リスト 5.10　UDPAndroidActivity.java

```java
package fineday.UDPAndroid;
import android.app.Activity;
import android.os.Bundle;
import android.view.View;
import android.view.Window;
import android.widget.Button;
import android.widget.TextView;
import java.net.DatagramPacket;
import java.net.DatagramSocket;
import java.net.InetAddress;
import java.io.IOException;
public class UDPAndroidActivity extends Activity implements View.OnClickListener{
    private TextView textview1;
    private Button button1, button2, button3, button4, button5, button6, button7;
    private String server = "192.168.11.5";
    private InetAddress serverAddress;
    private int port = 8000;
    private DatagramSocket socket;
    private Thread rcvThread;
    public Logger logger;
    int flag;
    final char magic1 = '@';
    final char magic2 = '}';
    /** Called when the activity is first created. */
    @Override
    public void onCreate(Bundle savedInstanceState) {
        super.onCreate(savedInstanceState);
        requestWindowFeature(Window.FEATURE_NO_TITLE);
        setContentView(R.layout.main);
        // TextView
        textview1 = (TextView)this.findViewById(R.id.textView1);
        textview1.setText("UDPThreadAndroid");
        // Button
        button1 = (Button)this.findViewById(R.id.button1);
        button1.setOnClickListener(this);
        button2 = (Button)this.findViewById(R.id.button2);
```

リスト 5.10　UDPAndroidActivity.java（つづき）

```java
    button2.setOnClickListener(this);
    button3 = (Button)this.findViewById(R.id.button3);
    button3.setOnClickListener(this);
    button4 = (Button)this.findViewById(R.id.button4);
    button4.setOnClickListener(this);
    button5 = (Button)this.findViewById(R.id.button5);
    button5.setOnClickListener(this);
    button6 = (Button)this.findViewById(R.id.button6);
    button6.setOnClickListener(this);
    button7 = (Button)this.findViewById(R.id.button7);
    button7.setOnClickListener(this);
    // Logger
    logger = new Logger(textview1);
}
public void onClick(View arg0){
    byte[] w;
    int size = 0;
    if (arg0 == button1){
      try{
            serverAddress = InetAddress.getByName(server);
            socket = new DatagramSocket();
            logger.log("Connected");
        rcvThread = new Thread(new rcvThread(socket, logger));
        rcvThread.start();
        logger.log("rcvThread started");
      } catch (Exception e){
       logger.log("fail connect");
      }
    }
    if (arg0 == button3){
      exitFromRunLoop();
      try{
       socket.close();
       socket = null;
       logger.log("closed");
      } catch (Exception e) {
```

5.8 ユーザ・インターフェース

```java
        logger.log("fail close");
      }
    }
    // 送信
    if (arg0 == button2){
      try {
    w = "@w".getBytes("UTF8");//edittext1.getText().toString().getBytes("UTF8");
    size = w.length;
    DatagramPacket sendPacket = new DatagramPacket(w, size, serverAddress, port);
    socket.send(sendPacket);
    logger.log("SEND: @w");
      } catch (IOException e) {
    e.printStackTrace();
    logger.log("send fail");
      }
    }
    // LED1
    if (arg0 == button4){
      try {
        w = "@r1".getBytes("UTF8");
    size = w.length;
    DatagramPacket sendPacket = new DatagramPacket(w, size, serverAddress, port);
    socket.send(sendPacket);
    logger.log("SEND: @r1");
      } catch (IOException e) {
    e.printStackTrace();
    logger.log("send fail");
      }
    }
    // LED2
    if (arg0 == button5){
      try {
    w = "@r2".getBytes("UTF8");
    size = w.length;
    DatagramPacket sendPacket = new DatagramPacket(w, size, serverAddress, port);
    socket.send(sendPacket);
```

リスト 5.10　UDPAndroidActivity.java（つづき）

```java
            logger.log("SEND: @r2");
            } catch (IOException e) {
            e.printStackTrace();
            logger.log("send fail");
            }
        }
        // LED3
        if (arg0 == button6){
            try {
            w = "@r3".getBytes("UTF8");
            size = w.length;
            DatagramPacket sendPacket = new DatagramPacket(w, size, serverAddress, port);
            socket.send(sendPacket);
            logger.log("SEND: @r3");
            } catch (IOException e) {
            e.printStackTrace();
            logger.log("send fail");
            }
        }
        // LED2
        if (arg0 == button7){
            try {
                w = "@r4".getBytes("UTF8");
            size = w.length;
            DatagramPacket sendPacket = new DatagramPacket(w, size, serverAddress, port);
            socket.send(sendPacket);
            logger.log("SEND: @r4");
            } catch (IOException e) {
            e.printStackTrace();
            logger.log("send fail");
            }
        }
    }
    // Run ループから脱出
    void exitFromRunLoop(){
        try {
```

```
        byte[] w = new byte[2];
        w[0] = magic1;
        w[1] = magic2;
        DatagramPacket sendPacket
            = new DatagramPacket(w, w.length, serverAddress, port);
        socket.send(sendPacket);
        logger.log(new String(w, 0,2, "UTF8"));
    } catch (IOException e) {
        logger.log("send fail");
        e.printStackTrace();
    }
  }
}
```

は皆さんで解読してください.

mbedでプロジェクト,

> UDPSocketExample3

をスタートします.

Androidにおいてプロジェクト,

> UDPAndroid

をビルドします.

ビルドは成功します.

プログラムをスタートします.**画面 5.40** に示すように初期画面が開きます.

mbedにおいて,

> UDPSocketExample3

をスタートします.**画面 5.41** に示すように Tera Term の画面が開きます.

第 5 章 UDP 通信

画面 5.40 Android の初期画面

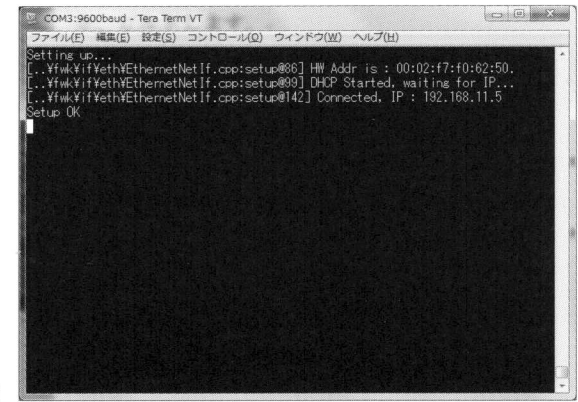

画面 5.41 mbed の初期画面

mbed の LED1 は点滅を繰り返します．

Android の，

[Connect]

ボタンをタップします．**画面 5.42** に示すように mbed へ接続します．

5.8 ユーザ・インターフェース

画面 5.42　mbed へ接続

Android の画面において，たとえば，

[LED4]ボタン

をタップします．Android の画面は，**画面 5.43** に示すようにコマンド，

@r4

を送信します．
mbed の画面は，**画面 5.44** に示すように同じ文字列を受信したことを示します．
実際に mbed のボードを見ると確かに，

LED4

は点灯しています．
Android の，

第 5 章　UDP 通信

画面 5.43　Android の画面

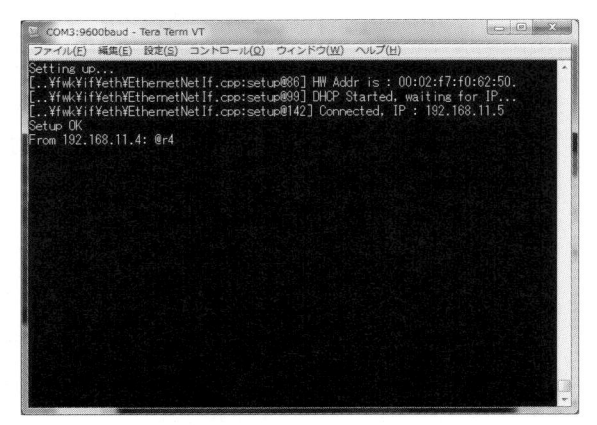

画面 5.44　mbed の画面

[Switch] ボタン

をタップします．mbed は，**画面 5.45** に示すように同じ文字列を受信します．
　Android は**画面 5.46** に示すように，mbed からスイッチの状態を受信します．
　mbed の SW5 を押したので，

5.8 ユーザ・インターフェース

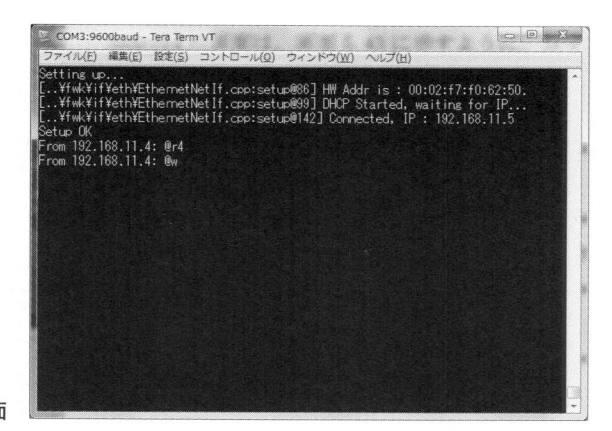

画面 5.45
mbed の画面

画面 5.46 Android の画面

```
fd
```

を受信しています．
　Android の，

第 5 章　UDP 通信

画面 5.47　Android の終了

画面 5.48　mbed の終了

［Close］ボタン

をタップします．**画面 5.47** に示すように，Android のプログラムは終了します．
　一方，mbed のプログラムは，**画面 5.48** に示すように終了します．

第6章　TCP通信

TCPプロトコルを使い，Androidタブレットとmbed間で通信するプログラムを作成します．

6.1　TCPサーバ

TCPプロトコルを使ってmbedとAndroid間において通信を行います．
役割分担は，

```
mbed      サーバ
Android   クライアント
```

です．

mbedのURLにアクセスして，TCP通信のプログラムを検索します．
ホームページ（**画面3.4**，58ページ）右肩のタブ，

```
[Code]
```

をクリックします．[Code]のページが**画面6.1**に示すように開きます．
画面右上にテキスト・ボックス，

```
[Search code]
```

があるので，ここに，

```
TCPTest
```

と書き込んで，[Serch]ボタンをクリックします．**画面6.2**に示すように，検索の結果が表示されます．

209

第6章 TCP通信

画面6.1 [Code]のページ

画面6.2 検索結果

［TCPTest］という名前のプロジェクトが2本掲載されています．上の行の［TCPTest］をクリックすると，**画面6.3**に示すように［TCPTest］のページへ移ります．

右上の，

[Import this program]

をクリックします．**画面6.4**に示すようにプロジェクト，

TCPTest

6.1 TCP サーバ

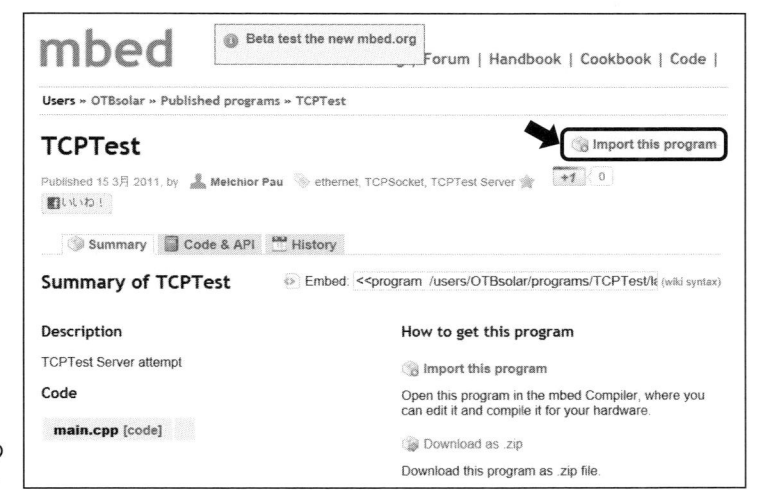

画面 6.3
TCPTest の
インポート

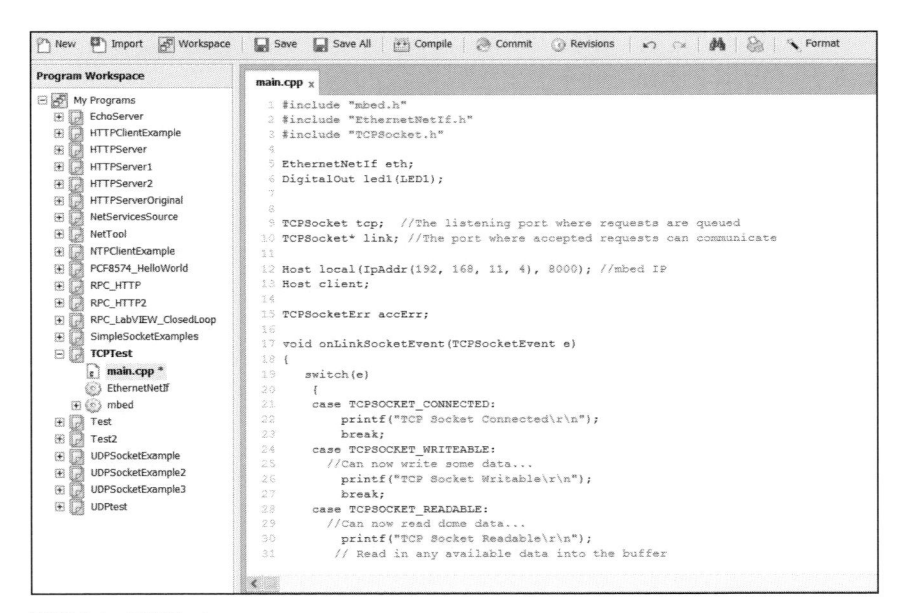

画面 6.4　TCPTest

がインポートされます．

リスト 6.1 に，main.cpp を示します．

TCP 通信で発生するイベントに対して，ていねいにプリント文を設定しています．

TCP 通信において発生するイベントのシーケンスを［Tera Term］の画面において確認することができます．これは TCP 通信の手順を勉強する際に役立ちます．

第6章　TCP通信

リスト 6.1　main.cpp

```cpp
#include "mbed.h"
#include "EthernetNetIf.h"
#include "TCPSocket.h"
EthernetNetIf eth;
DigitalOut led1(LED1);
TCPSocket tcp;        //The listening port where requests are queued
TCPSocket* link;      //The port where accepted requests can communicate
Host local(IpAddr(192, 168, 11, 4), 8000); //mbed IP
Host client;
TCPSocketErr accErr;
void onLinkSocketEvent(TCPSocketEvent e)
{
  switch(e)
  {
  case TCPSOCKET_CONNECTED:
    printf("TCP Socket Connected\r\n");
    break;
  case TCPSOCKET_WRITEABLE:
    //Can now write some data...
    printf("TCP Socket Writable\r\n");
    break;
  case TCPSOCKET_READABLE:
    //Can now read dome data...
    printf("TCP Socket Readable\r\n");
    // Read in any available data into the buffer
    char buff[128];
    while ( int len = link->recv(buff, 128) ) {
      // And send straight back out again
      link->send(buff, len);
      buff[len]=0; // make terminater
      printf("Received&Wrote:%s\r\n",buff);
    }
    break;
  case TCPSOCKET_CONTIMEOUT:
    printf("TCP Socket Timeout\r\n");
    break;
```

```
    case TCPSOCKET_CONRST:
      printf("TCP Socket CONRST\r\n");
      break;
    case TCPSOCKET_CONABRT:
      printf("TCP Socket CONABRT\r\n");
      break;
    case TCPSOCKET_ERROR:
      printf("TCP Socket Error\r\n");
      break;
    case TCPSOCKET_DISCONNECTED:
      //Close socket...
      printf("TCP Socket Disconnected\r\n");
      link->close();
      break;
    default:
      printf("DEFAULT\r\n");
  }
}
void onTCPSocketEvent(TCPSocketEvent e)
{
  switch(e) {
  case TCPSOCKET_CONNECTED:
    printf("Connected\n");
    break;
  case TCPSOCKET_ACCEPT: {
    accErr = tcp.accept(&client,&link);
    switch(accErr) {
    case TCPSOCKET_SETUP: printf("Err:Setup\n"); break;
        //TCPSocket not properly configured.
    case TCPSOCKET_TIMEOUT: printf("Err:Timeout\n"); break; //Connection timed out.
    case TCPSOCKET_IF: printf("Err:Interface\n"); break;
  //Interface has problems, does not exist or is not initialized.
    case TCPSOCKET_MEM: printf("Err:Memory\n"); break;    //Not enough mem.
    case TCPSOCKET_INUSE: printf("Err:In use\n"); break;
        //Interface / Port is in use.
    case TCPSOCKET_EMPTY: printf("Err:Empty\n"); break;
```

第6章 TCP通信

リスト6.1　main.cpp（つづき）

```cpp
            //Connections queue is empty.
        case TCPSOCKET_RST: printf("Err:Reset\n"); break;
            //Connection was reset by remote host.
        case TCPSOCKET_OK: printf("Accepted: "); break; //Success.
        }
        link->setOnEvent(&onLinkSocketEvent);
        IpAddr clientIp = client.getIp();
        printf("Incoming TCP connection from %d.%d.%d.%d\r\n",
                        clientIp[0], clientIp[1], clientIp[2], clientIp[3]);
      }
      break;
    case TCPSOCKET_READABLE:
      printf("Readable\n");
      break;
    case TCPSOCKET_WRITEABLE:
      printf("Writeable\n");
      break;
    case TCPSOCKET_CONTIMEOUT:
      printf("Timeout\n");
      break;
    case TCPSOCKET_CONRST:
      printf("Reset\n");
      break;
    case TCPSOCKET_CONABRT:
      printf("Aborted\n");
      break;
    case TCPSOCKET_ERROR:
      printf("Error\n");
      break;
    case TCPSOCKET_DISCONNECTED:
      printf("Disconnected\n");
      tcp.close();
      break;
  }
}
int main() {
```

6.1 TCPサーバ

```c
//********Basic setup********
printf("Welcome to wireFUSE¥n");
printf("Setting up...¥n");
EthernetErr ethErr = eth.setup();
if(ethErr)
{
  printf("Error %d in setup.¥n", ethErr);
  return -1;
}
printf("Setup OK¥n");
//****End of basic setup*****
tcp.setOnEvent(&onTCPSocketEvent); //Generate method to deal with requests
//Bind to local port
printf("Init bind..¥n");
TCPSocketErr bindErr = tcp.bind(local);
switch(bindErr) {
case TCPSOCKET_SETUP:
  printf("Err:Setup¥n");
  break;  //TCPSocket not properly configured.
case TCPSOCKET_TIMEOUT:
  printf("Err:Timeout¥n");
  break;  //Connection timed out.
case TCPSOCKET_IF:
  printf("Err:Interface¥n");
  break;  //Interface has problems, does not exist or is not initialized.
case TCPSOCKET_MEM:
  printf("Err:Memory¥n");
  break;  //Not enough mem.
case TCPSOCKET_INUSE:
  printf("Err:In use¥n");
  break;  //Interface / Port is in use.
case TCPSOCKET_EMPTY:
  printf("Err:Empty¥n");
  break;  //Connections queue is empty.
case TCPSOCKET_RST:
  printf("Err:Reset¥n");
```

リスト 6.1　main.cpp（つづき）

```cpp
    break;   //Connection was reset by remote host.
  case TCPSOCKET_OK:
    printf("Bound to port\n");
    break;   //Success.
}
//Listen to local port
printf("Init listen..\n");
TCPSocketErr listenErr = tcp.listen();
switch(listenErr) {
case TCPSOCKET_SETUP:
  printf("Err:Setup\n");
  break;   //TCPSocket not properly configured.
case TCPSOCKET_TIMEOUT:
  printf("Err:Timeout\n");
  break;   //Connection timed out.
case TCPSOCKET_IF:
  printf("Err:Interface\n");
  break;   //Interface has problems, does not exist or is not initialized.
case TCPSOCKET_MEM:
 printf("Err:Memory\n");
 break;   //Not enough mem.
case TCPSOCKET_INUSE:
  printf("Err:In use\n");
  break;   //Interface / Port is in use.
case TCPSOCKET_EMPTY:
  printf("Err:Empty\n");
  break;   //Connections queue is empty.
case TCPSOCKET_RST:
 printf("Err:Reset\n");
 break;   //Connection was reset by remote host.
case TCPSOCKET_OK:
  printf("Listening\n");
  break;   //Success.
}
Timer tmr;
tmr.start();
```

```
  while(1)
  {
    Net::poll();
    if(tmr.read() > 2)
    {
      tmr.reset();
      led1=!led1; //Show that we are alive
      //Wait for a connection request
//      printf("waiting for client on port 8000¥n");
    }
  }
}
```

> **注意**
>
> **リスト6.1**のIPアドレスとポート番号は，私が使用するネットワーク環境の値に変更しています．したがって，**リスト6.1**のプログラムは，ダウンロードしたファイルと文字通り一致するものではありません．

> **注意**
>
> **リスト6.1**では，2秒ごとに文字列を，
>   printf("waiting for client on port 8000¥n");
> としてプリントしています．［Tera Term］の画面が同じ文字列によって混雑するので，このプリント文は，コメント・アウトしています．プリント・アウトが必要ならば，原文どおりに，「//」を削除してください．

では，プログラムの内容をざっと説明します．

まず，グローバル・エリアにおいて，イーサネット・インターフェースとTCPソケットのインスタンス，

```
EthernetNetIf eth;
TCPSocket tcp;
```

を生成します．

> **注意**
> これらのインスタンスに対してイベントもアクセスするので，グローバル・エリアに置きます．

main()に入ります．
まず，イーサネット・インターフェース，

```
EthernetErr ethErr = eth.setup();
```

を初期化します．
次に，TCPソケットに対して，イベント，

```
tcp.setOnEvent(&onTCPSocketEvent);
```

を貼り付け，これにmbedのHostオブジェクト（すなわちmbed自分自身）をバインド，

```
TCPSocketErr bindErr = tcp.bind(local);
```

します．この操作によってmbedは，

```
TCPのサーバ
```

の資格を得ます．サーバとなったので，listen状態に入って，

```
TCPSocketErr listenErr = tcp.listen();
```

クライアントからのアクセスを待ちます．
ここで，クライアントが，mbedへアクセスすると，イベント，

```
TCPSOCKET_ACCEPT
```

が発生します．

mbed は，このアクセスをアクセプトして，

```
accErr = tcp.accept (&client,&link);
```

クライアントのインスタンス，およびリンク，

```
client
link
```

を生成します．

> **! 注意**
> TCP はクライアントごとにソケットをはるので，これらのインスタンスはクライアントごとに作成します．

tcp.accept (&client,&link) の戻り値が，

```
TCPSOCKET_OK
```

ならば，mbed とクライアント間に TCP 接続が確立しています．

リスト 6.1 のプログラムにおいて，[Tera Term] の画面に，

```
printf ("Accepted: ")
```

とプリントします．

> **! 注意**
> 改行マークは含まれていないことに注意してください．

通常，クライアントのアクセプトは成功します．

> **注意**
> もしここでエラーが出るようであれば，使用しているネットワークの動作をチェックする必要があります．

アクセプトに成功すると，link に対してイベント，

> link->setOnEvent (&onLinkSocketEvent);

を貼り付けます．
　クライアントからのアクセスは，

> onLinkSocketEvent

で処理することになります．
　最後に，[Tera Term] の画面に対してクライアントの情報をプリント，

> IpAddr clientIp = client.getIp ();
> printf ("Incoming TCP connection from %d.%d.%d.%d¥r¥n",
> 　　　　　　　　　clientIp [0], clientIp [1], clientIp [2], clientIp [3]);

します．
　さて，ここでクライアントが mbed に対してパケットを送信したとすると，

> onLinkSocketEvent

に対して，メッセージ，

> TCPSOCKET_READABLE

が投げられます．
　クライアントのパケットを捕獲するために，バッファを用意，

```
char buff[128];
```

して，

```
while ( int len = link->recv (buff, 128) ) {
    // And send straight back out again
    link->send (buff, len);
    buff[len] =0; // make terminater
    printf ("Received&Wrote:%s¥r¥n",buff);
}
```

クライアントに対して，同じ文字列を投げ返します．すなわち，エコー・サーバの働きを行います．

> **注意**
> 厳密に言えば，
> ```
> while ( int len = link->recv (buff, 128) ) {
> ```
> ↓
> ```
> while ( int len = link->recv (buff, 127) ) {
> ```
> でなければいけません．
> しかし，そんな「揚げ足取り」のようなことをするのは止めましょう．このプログラムを使用する際には，パケットは，たとえば，120文字以下などで使用してください．

以上，mbedにおいてTCPサーバを構築するための準備を行いました．

6.2 TCPクライアント

Androidにおいて，TCPクライアントを構築します．

AndroidのTCPクライアントに関しては，すでに参考文献(4)において詳しく述べました．詳細は，文献を参照してください．ここでは概要を述べます．

AndroidのTCPクライアントのプロジェクトの名前は，

リスト 6.2　TCPThreadAndroid.java

```java
package fineday.TCPThreadAndroid;
import android.app.Activity;
import android.os.Bundle;
import android.view.View;
import android.view.Window;
import android.widget.Button;
import android.widget.EditText;
import android.widget.TextView;
import java.io.IOException;
import java.io.OutputStream;
import java.net.Socket;
public class TCPThreadAndroid extends Activity implements View.OnClickListener{
  private TextView textview1;
  private Button button1, button2, button3;
  private EditText edittext1;
  private String server = "192.168.11.4";
  private int port = 8000;
  private Socket socket;
  private OutputStream out;
  private Thread rcvThread;
  public Logger logger;
  final char magic1 = '}';
  final char magic2 = '{';
```

TCPThreadAndroid

です．このプロジェクトは，3本のファイル，

TCPThreadAndroid.java
rcvThread.java
Logger.java

によって構成します．リスト 6.2 に，TCPThreadAndroid.java を示します．

6.2 TCP クライアント

```java
/** Called when the activity is first created. */
@Override
public void onCreate(Bundle savedInstanceState) {
  super.onCreate(savedInstanceState);
  requestWindowFeature(Window.FEATURE_NO_TITLE);
  setContentView(R.layout.main);
  textview1 = (TextView)this.findViewById(R.id.textView1);
  textview1.setText("TCPThreadAndroid");
  // Button
  button1 = (Button)this.findViewById(R.id.button1);
  button1.setOnClickListener(this);
  button2 = (Button)this.findViewById(R.id.button2);
  button2.setOnClickListener(this);
  button3 = (Button)this.findViewById(R.id.button3);
  button3.setOnClickListener(this);
  // EditText
  edittext1 = (EditText)this.findViewById(R.id.editText1);
  logger = new Logger(textview1);
}
/** Called when the activity is first created. */
@Override
public void onClick(View arg0){
  // 接続
  if (arg0 == button1){
    try{
    socket = new Socket(server, port);
    out = socket.getOutputStream();
    logger.log("Connected");
          rcvThread = new Thread(new rcvThread(logger, socket));
      rcvThread.start();
      logger.log("rcvThread started");
    } catch (Exception e){
          logger.log("fail connect");
    }
  }
  // 終了
  if (arg0 == button2){
```

リスト 6.2　TCPThreadAndroid.java（つづき）

```
      exitFromRunLoop();
      try{
        socket.close();
        socket = null;
        logger.log("closed");
        rcvThread.stop();
        rcvThread = null;
      } catch (Exception e) {
        logger.log("fail close");
      }
    }
    // 送信
    if (arg0 == button3){
      try {
      byte[] w = edittext1.getText().toString().getBytes("UTF8");
      out.write(w);
      out.flush();
      } catch (IOException e) {
      logger.log("send fail");
      e.printStackTrace();
      }
    }
  }
  // Run ループから脱出
  void exitFromRunLoop(){
    try {
      byte[] w = new byte[2];
      w[0] = magic1;
      w[1] = magic2;
      out.write(w);
      out.flush();
    } catch (IOException e) {
      logger.log("send fail");
      e.printStackTrace();
    }
  }
}
```

6.2 TCPクライアント

リスト 6.3　rcvThread.java

```java
package fineday.TCPThreadAndroid;
import java.io.IOException;
import java.net.Socket;
public class rcvThread implements Runnable {
  private Logger logger;
  private final int sizeBuf = 32;
  private int flag;
  final char magic1 = '}';
  final char magic2 = '{';
  private Socket socket;
  public rcvThread(Logger logger, Socket socket){
    this.logger = logger;
    flag = 1;
    this.socket = socket;
  }
  public void run() {
    while(flag == 1){
       String str = "null";
       byte[] u = new byte[sizeBuf];
       try {
      int size = socket.getInputStream().read(u);
      str = new String(u, 0, size, "UTF-8");
      if ((u[0] == magic1) && (u[1] == magic2))
          flag = 0;
      logger.log(str);
       } catch (IOException e) {
      e.printStackTrace();
       }
    }
    logger.log("RUN LOOP EXITED");
  }
}
```

リスト 6.3 に，rcvThread.java を示します．

Logger.java は通信に関係ないので，UDP の場合と同じです．詳細は第 5 章のリスト 5.7（180 ページ）

第6章 TCP通信

画面6.5
[TCPTest]のスタート

を参照してください.

準備が整ったので,実機を使って実験を行います.

mbedに対して,

> TCPTest_LPC1768.bin

をロードします.

パソコンにおいて[Tera Term]をスタートすると,**画面6.5**に示すようにmbedはスタートします.
画面を見ると,mbedサーバは,

> リスニング状態

に入っています.

> **注意**
> イーサネットの親局(192.168.11.1)から,定期的にメッセージが送られています.これは,私が使用しているネットワーク環境に依存するメッセージです.

Androidにおいて,

> TCPThreadAndroid

画面 6.6　Android の初期画面

をスタートします．**画面 6.6** に Android の初期画面を示します．

Android のユーザ・インターフェースは，UDP の場合と同じです．

Android の画面において，

　　［Connect］ボタン

をタップします．mbed は**画面 6.7** に示すように Android と接続します．

Android 画面の，

　　［Send］ボタン

をタップします．mbed は**画面 6.8** に示すように，文字列，

　　EditText

を受信したことを示します．

第 6 章　TCP 通信

画面 6.7　mbed の画面

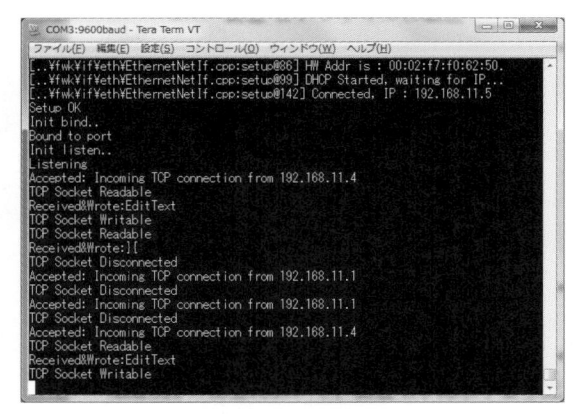

画面 6.8　mbed の画面

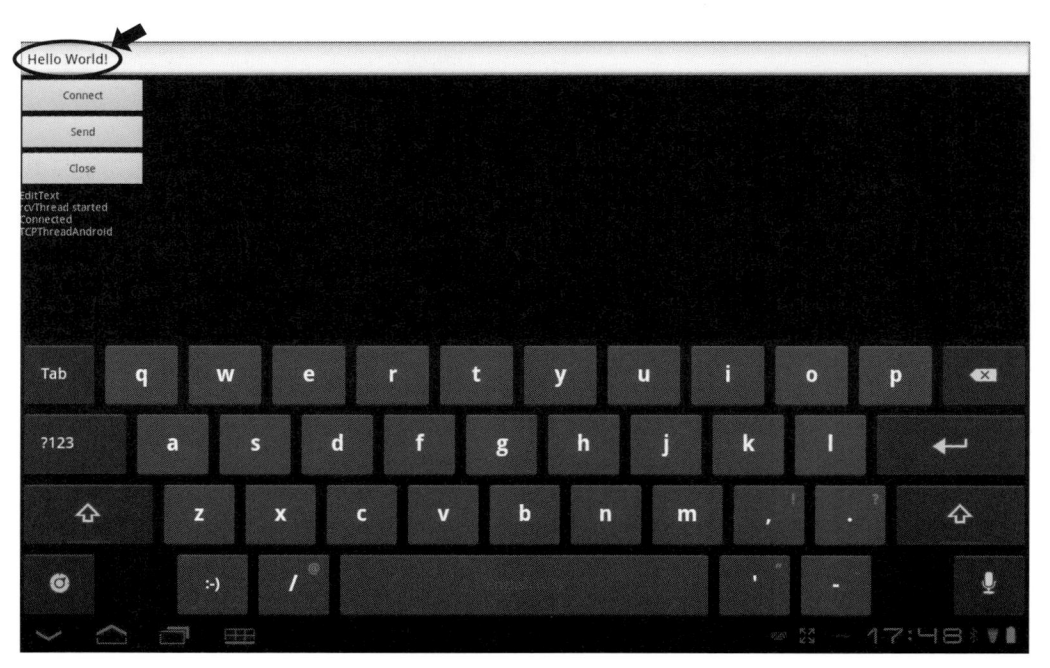

画面 6.9　Android の画面

Android の画面において，**画面 6.9** に示すように [EditText] に，

Hello World!

と書き込み，再度，

228

画面 6.10 mbed の画面

画面 6.11 mbed の画面

[Send]ボタン

をタップします.
mbed は**画面 6.10** に示すように，文字列，

Hello World!

を受信します.
Android の画面において，

[Close]ボタン

をタップします．**画面 6.11** に示すように，mbed は Android との TCP ソケットを閉じます.

以上，mbed に TCP サーバ（TCPTest），Android に TCP クライアント（TCPThreadAndroid）をロードして，TCP 通信の実機実験を行いました．

6.3 mbed サーバ

mbed と Android 間に TCP 通信路を作ったので，mbed の資源にアクセスするプログラムを作成します．

mbed のプロジェクト，

第6章 TCP通信

リスト 6.4　main.cpp

```cpp
#include "mbed.h"
#include "EthernetNetIf.h"
#include "TCPSocket.h"
#include "TextLCD.h"
#include "PCF8574.h"
TextLCD lcd(p25, p24, p12, p13, p14, p23);
PCF8574 io(p28,p27,0x40);
DigitalOut led1(LED1);
DigitalOut led2(LED2);
DigitalOut led3(LED3);
DigitalOut led4(LED4);
bool flag;
EthernetNetIf eth;
TCPSocket tcp;    //The listening port where requests are queued
TCPSocket* link; //The port where accepted requests can communicate
Host local(IpAddr(192,168,11,5), 8000); //mbed IP
Host client;
TCPSocketErr accErr;
void onLinkSocketEvent(TCPSocketEvent e)
{
  switch(e)
  {
  case TCPSOCKET_CONNECTED:
    printf("TCP Socket Connected\r\n");
```

TCPTest（リスト 6.1）

をベースにして，これに追加，修正を行います．

最初に，mbedのプロジェクト，

TCPTest2

を新規作成します．リスト 6.4 に main.cpp を示します．

6.3 mbed サーバ

```cpp
      break;
case TCPSOCKET_WRITEABLE:
   //Can now write some data...
   printf("TCP Socket Writable\r\n");
   break;
case TCPSOCKET_READABLE:
   //Can now read dome data...
   printf("TCP Socket Readable\r\n");
   // Read in any available data into the buffer
   char buff[128];
   char buf2[16] = {0};
   while ( int len = link->recv(buff, 128) ) {
      // And send straight back out again
      link->send(buff, len);
      buff[len]=0; // make terminater
      printf("Received&Wrote:%s\r\n",buff);
      lcd.printf("%s\n", buff);
      int data, num;
      if (buff[0] == '@')
      {
        switch (buff[1])
        {
        case '}':
           flag = false;
           printf("mbed closed\n");
           break;
        case 'w':
           data = io.read();
           num = sprintf(buf2, "%x", data);
           buf2[num] = 0;
           link->send(buf2, num + 1);
           break;
        case 's':
           switch (buff[2])
           {
           case '2':
```

リスト 6.4　main.cpp（つづき）

```cpp
      led2 = 1;
      break;
    case '3':
      led3 = 1;
      break;
    case '4':
      led4 = 1;
      break;
    default:
      printf("number must be 2, 3, 4\n");
    }
    break;
  case 'c':
    switch (buff[2])
    {
    case '2':
      led2 = 0;
      break;
    case '3':
      led3 = 0;
      break;
    case '4':
      led4 = 0;
      break;
    default:
      printf("number must be 2, 3, 4\n");
    }
    break;
  case 'r':
    switch (buff[2])
    {
    case '2':
      led2 = !led2;
      break;
    case '3':
      led3 = !led3;
```

```
          break;
        case '4':
          led4 = !led4;
          break;
        default:
          printf("number must be 2, 3, 4¥n");
        }
        break;
      case 'a':
        switch (buff[2])
        {
        case 'c':
          led2 = 0;
          led3 = 0;
          led4 = 0;
          break;
        case 's':
          led2 = 1;
          led3 = 1;
          led4 = 1;
          break;
        case 'r':
          led2 = !led2;
          led3 = !led3;
          led4 = !led4;
          break;
        default:
          printf("must be c, s, r¥n");
        }
        break;
      default:
        printf("undefined command¥n");
      }
    }
    else
    {
```

リスト 6.4　main.cpp（つづき）

```cpp
        printf("not a command¥n");
      }
    }
    break;
  case TCPSOCKET_CONTIMEOUT:
    printf("TCP Socket Timeout¥r¥n");
    break;
  case TCPSOCKET_CONRST:
    printf("TCP Socket CONRST¥r¥n");
    break;
  case TCPSOCKET_CONABRT:
    printf("TCP Socket CONABRT¥r¥n");
    break;
  case TCPSOCKET_ERROR:
    printf("TCP Socket Error¥r¥n");
    break;
  case TCPSOCKET_DISCONNECTED:
    //Close socket...
    printf("TCP Socket Disconnected¥r¥n");
    link->close();
    break;
  default:
    printf("DEFAULT¥r¥n");
  }
}
void onTCPSocketEvent(TCPSocketEvent e)
{
  switch(e) {
  case TCPSOCKET_CONNECTED:
    printf("Connected¥n");
    break;
  case TCPSOCKET_ACCEPT: {
    accErr = tcp.accept(&client,&link);
    switch(accErr) {
    case TCPSOCKET_SETUP: printf("Err:Setup¥n"); break;
        //TCPSocket not properly configured.
```

```
        case TCPSOCKET_TIMEOUT: printf("Err:Timeout\n"); break; //Connection timed out.
        case TCPSOCKET_IF: printf("Err:Interface\n"); break;
            //Interface has problems, does not exist or is not initialized.
        case TCPSOCKET_MEM: printf("Err:Memory\n"); break; //Not enough mem.
        case TCPSOCKET_INUSE: printf("Err:In use\n"); break;//Interface / Port is in use.
        case TCPSOCKET_EMPTY: printf("Err:Empty\n"); break;
            //Connections queue is empty.
        case TCPSOCKET_RST: printf("Err:Reset\n"); break;
            //Connection was reset by remote host.
        case TCPSOCKET_OK: printf("Accepted: "); break;  //Success.
        }
        link->setOnEvent(&onLinkSocketEvent);
        IpAddr clientIp = client.getIp();
        printf("Incoming TCP connection from %d.%d.%d.%d\r\n",
        clientIp[0], clientIp[1], clientIp[2], clientIp[3]);
        }
        break;
    case TCPSOCKET_READABLE:
        printf("Readable\n");
        break;
    case TCPSOCKET_WRITEABLE:
        printf("Writeable\n");
        break;
    case TCPSOCKET_CONTIMEOUT:
        printf("Timeout\n");
        break;
    case TCPSOCKET_CONRST:
        printf("Reset\n");
        break;
    case TCPSOCKET_CONABRT:
        printf("Aborted\n");
        break;
    case TCPSOCKET_ERROR:
        printf("Error\n");
        break;
    case TCPSOCKET_DISCONNECTED:
```

リスト 6.4　main.cpp（つづき）

```cpp
      printf("Disconnected\n");
      tcp.close();
      break;
    }
  }
}
int main() {
  //********Basic setup********
  printf("Welcome to wireFUSE\n");
  printf("Setting up...\n");
  EthernetErr ethErr = eth.setup();
  if(ethErr)
  {
    printf("Error %d in setup.\n", ethErr);
    return -1;
  }
  printf("Setup OK\n");
  //****End of basic setup*****
  tcp.setOnEvent(&onTCPSocketEvent); //Generate method to deal with requests
  //Bind to local port
  printf("Init bind..\n");
  TCPSocketErr bindErr = tcp.bind(local);
  switch(bindErr) {
  case TCPSOCKET_SETUP: printf("Err:Setup\n"); break;
          //TCPSocket not properly configured.
  case TCPSOCKET_TIMEOUT: printf("Err:Timeout\n"); break; //Connection timed out.
  case TCPSOCKET_IF: printf("Err:Interface\n"); break;
          //Interface has problems, does not exist or is not initialized.
  case TCPSOCKET_MEM: printf("Err:Memory\n"); break;  //Not enough mem.
  case TCPSOCKET_INUSE: printf("Err:In use\n"); break; //Interface / Port is in use.
  case TCPSOCKET_EMPTY: printf("Err:Empty\n"); break; //Connections queue is empty.
  case TCPSOCKET_RST: printf("Err:Reset\n"); break;
          //Connection was reset by remote host.
  case TCPSOCKET_OK: printf("Bound to port\n"); break;  //Success.
  }
  //Listen to local port
  printf("Init listen..\n");
```

6.3 mbed サーバ

```
   TCPSocketErr listenErr = tcp.listen();
   switch(listenErr) {
   case TCPSOCKET_SETUP: printf("Err:Setup\n"); break;
           //TCPSocket not properly configured.
   case TCPSOCKET_TIMEOUT: printf("Err:Timeout\n"); break; //Connection timed out.
   case TCPSOCKET_IF: printf("Err:Interface\n"); break;
//Interface has problems, does not exist or is not initialized.
   case TCPSOCKET_MEM: printf("Err:Memory\n"); break;   //Not enough mem.
   case TCPSOCKET_INUSE: printf("Err:In use\n");  break; //Interface / Port is in use.
   case TCPSOCKET_EMPTY: printf("Err:Empty\n"); break; //Connections queue is empty.
   case TCPSOCKET_RST: printf("Err:Reset\n"); break;
           //Connection was reset by remote host.
   case TCPSOCKET_OK: printf("Listening\n"); break;   //Success.
   }
   Timer tmr;
   tmr.start();
   while(1)
   {
     Net::poll();
     if(tmr.read() > 2)
     {
       tmr.reset();
       led1=!led1; //Show that we are alive
       //Wait for a connection request
//     printf("waiting for client on port 12345\n");
     }
   }
}
```

プログラムの変更部は第 5 章のメイン・プログラム (**リスト 5.9**, 188 ページ),

> UDPSocketExample3

と同じです. UDP ソケットを TCP ソケットに変更しました.

プロジェクトをコンパイルします.

第6章 TCP通信

画面6.12
[Tera Term]の画面

コンパイルは成功します．
コンパイルした，

TCPTest2_LPC1768.bin

を mbed へロードします．

パソコンにおいて [Tera Term] をスタートします．

MAPLE ボードのリセット・スイッチ (SW7) を押します．**画面 6.12** に示すように，mbed はスタートします．

Android において，

TCPThreadAndroid

をスタートします．**画面 6.13** に示すように Android の初期画面が開きます．

画面は UDP の場合と同じですが，走っているプログラムは TCP です．

Android 画面の，

[Connect] ボタン

をタップします．Android は**画面 6.14** に示すように，受信スレッドをスタートします．

238

画面 6.13　Android の初期画面

画面 6.14　mbed へ Connect

第 6 章　TCP 通信

画面 6.15
Android のアクセプト

　mbed は**画面 6.15** に示すように Android をアクセプトします．
　Android の画面において，

> ［Send］ボタン

をタップします．Android は**画面 6.16** に示すように，mbed に対して文字列，

> EditText

を送信します．
　mbed は**画面 6.17** に示すように，この文字列を受信して，

> not a command

と表示し，コマンドではない文字列を受信したことを示します．
　Android の画面において，**画面 6.18** に示すように［EditText］に，

> @s4

と書き込んで［Send］ボタンをタップします．

画面 6.16 文字列の送信

画面 6.17
コマンドではない文字列の受信

　mbed を見ると LED4 が点灯します．［Tera Term］の画面は，**画面 6.19** に示すように文字列 @s4 を受信したことを示しています．
　Android の画面において，**画面 6.20** に示すように［Edit Text］に，

第6章 TCP 通信

画面 6.18 コマンド送信

画面 6.19 文字列の受信

```
@w
```

と記入して[Send]ボタンをタップします.

6.3 mbed サーバ

画面 6.20　コマンド送信

画面 6.21　スイッチの状態取得

第6章　TCP通信

画面6.22　スイッチの状態

画面6.21に示すように，mbedから，

ff

が返ってきます．
　もう一度［Send］ボタンをタップします．ただし，MAPLEボードのSW1を押します．
　すると画面6.22に示すように，

fe

が返ってきます．
　Android画面の，

［Close］

6.3 mbed サーバ

画面 6.23　Android の終了

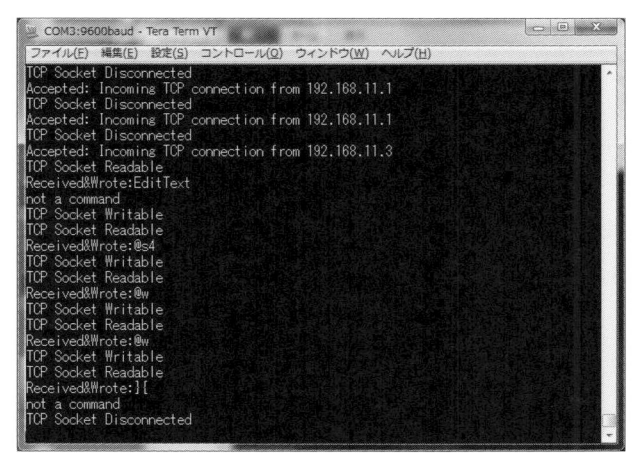

画面 6.24
mbed の終了

ボタンをタップします．Android は**画面 6.23** に示すように終了します．

mbed は**画面 6.24** に示すように終了します．

MAPLE ボードの LCD に mbed が受信した文字列がプリントされます．

実機を使って確認してください．

6.4 Android クライアント

6.3 節において，Android から mbed に対して，ジョブを要求するプログラムを作りました．
Android は mbed に対してメッセージを送信します．
mbed は，そのメッセージを解読して，要求された仕事を実行します．
このスタイルをここでは，

> 命令型

と呼びます．

まず，Android は mbed に対してメッセージを送ります．このメッセージに対して，mbed は別のメッセージを用意して，それを Android に対して返信します．
このスタイルを，

> 返信要求型

と呼びます．例を挙げて説明します．
小学校の先生が生徒に対して，

> 「集合」

と言ったので，生徒は集まりました．これは，命令型です．
先生が，ある生徒に対して，

> 「君の体重はいくらだ」

と問いかけたので，生徒が，

> 「50kg です」

と答えたとすると，それは「返信要求型」です．
では，問題を具体的に設定します．

Android は mbed に対して，

> MAPLE ボード上のスイッチの状態を問います．

Mmbed は，MAPLE ボードから，

> スイッチの状態

を取得して，これを Android へ返信します．
　Android と mbed 両者のプログラムを変更する必要があります．
　まず，mbed のプロジェクトを新規に作成します．
　プロジェクトの名前を，

> TCPTest3

とします．
　リスト 6.5 に TCPTest3 プロジェクトの

> main.cpp

を示します．
　main.cpp のプログラムの説明をします．
　Android からのコマンド，

> @w

を受信すると，まず，MAPLE ボードのスイッチの状態を，

> data = io.read ();

として読み込みます．
　返信用のバッファの先頭に，

リスト 6.5　main.cpp（TCPTest3 プロジェクト）

```cpp
#include "mbed.h"
#include "EthernetNetIf.h"
#include "TCPSocket.h"
#include "TextLCD.h"
#include "PCF8574.h"
TextLCD lcd(p25, p24, p12, p13, p14, p23);
PCF8574 io(p28,p27,0x40);
DigitalOut led1(LED1);
DigitalOut led2(LED2);
DigitalOut led3(LED3);
DigitalOut led4(LED4);
bool flag;
EthernetNetIf eth;
TCPSocket tcp;  //The listening port where requests are queued
TCPSocket* link; //The port where accepted requests can communicate
Host local(IpAddr(192,168,11,5), 8000); //mbed IP
Host client;
TCPSocketErr accErr;
void onLinkSocketEvent(TCPSocketEvent e)
{
  switch(e)
  {
  case TCPSOCKET_CONNECTED:
    printf("TCP Socket Connected\r\n");
    break;
  case TCPSOCKET_WRITEABLE:
    //Can now write some data...
    printf("TCP Socket Writable\r\n");
    break;
  case TCPSOCKET_READABLE:
    //Can now read dome data...
    printf("TCP Socket Readable\r\n");
    // Read in any available data into the buffer
    char buff[128];
    char buf2[16] = {0};
    while ( int len = link->recv(buff, 128) ) {
```

```
    // And send straight back out again
    //     link->send(buff, len);
    buff[len]=0; // make terminater
    printf("Received&Wrote:%s\r\n",buff);
    lcd.printf("%s\n", buff);
    int data, num;
    if (buff[0] == '@')
    {
      switch (buff[1])
      {
      case '}':
        flag = false;
        printf("mbed closed\n");
        break;
      case 'w':
        data = io.read();
        buf2[0] = 'w';
        num = sprintf(buf2 + 1, "%x", data);
        buf2[num + 1] = 0;
        link->send(buf2, num + 2);
        break;
      case 's':
        switch (buff[2])
        {
        case '2':
          led2 = 1;
          break;
        case '3':
          led3 = 1;
          break;
        case '4':
          led4 = 1;
          break;
        default:
          printf("number must be 2, 3, 4\n");
        }
```

リスト 6.5 main.cpp（TCPTest3 プロジェクト）（つづき）

```
      break;
    case 'c':
      switch (buff[2])
      {
      case '2':
        led2 = 0;
        break;
      case '3':
        led3 = 0;
        break;
      case '4':
        led4 = 0;
        break;
      default:
        printf("number must be 2, 3, 4\n");
      }
      break;
    case 'r':
      switch (buff[2])
      {
      case '2':
        led2 = !led2;
        break;
      case '3':
        led3 = !led3;
        break;
      case '4':
        led4 = !led4;
        break;
      default:
        printf("number must be 2, 3, 4\n");
      }
      break;
    case 'a':
      switch (buff[2])
      {
```

```
                case 'c':
                    led2 = 0;
                    led3 = 0;
                    led4 = 0;
                    break;
                case 's':
                    led2 = 1;
                    led3 = 1;
                    led4 = 1;
                    break;
                case 'r':
                    led2 = !led2;
                    led3 = !led3;
                    led4 = !led4;
                    break;
                default:
                    printf("must be c, s, r\r\n");
                }
                break;
            default:
              printf("undefined command\n");
            }
          }
          else
          {
            printf("not a command\n");
          }
      }
      break;
    case TCPSOCKET_CONTIMEOUT:
      printf("TCP Socket Timeout\r\n");
      break;
    case TCPSOCKET_CONRST:
      printf("TCP Socket CONRST\r\n");
      break;
    case TCPSOCKET_CONABRT:
```

リスト 6.5 main.cpp（TCPTest3 プロジェクト）（つづき）

```
      printf("TCP Socket CONABRT\r\n");
      break;
    case TCPSOCKET_ERROR:
      printf("TCP Socket Error\r\n");
      break;
    case TCPSOCKET_DISCONNECTED:
      //Close socket...
      printf("TCP Socket Disconnected\r\n");
      link->close();
      break;
    default:
      printf("DEFAULT\r\n");
    }
}
void onTCPSocketEvent(TCPSocketEvent e)
{
    この部分に変更はありません．
}
int main() {
    この部分に変更はありません．
}
```

```
  buf2[0] = 'w';
```

を書き込みます．

Android の要求,

```
  Ww
```

に対する返信であることを示します．
そして，buf2[1]以降にスイッチの状態を格納します．

```
  num = sprintf(buf2 + 1, "%x", data);
```

ここでは，フォーマット，

```
%x
```

すなわち，16 進表示を採用しました．

送信バッファの最後に 0 を書き込みます．

```
buf2[num + 1] = 0;
```

バッファの準備が完了したので，これを Android へ，

```
link->send(buf2, num + 2);
```

と返信します．

続いて Android のプロジェクトを新規作成します．プロジェクトの名前を，

```
TCPAndroid
```

とします．プロジェクトは 3 本のファイル，

```
TCPAndroidActivity.java
rcvThread.java
Logger.java
```

によって構成します．ここで，

```
TCPAndroidActivity.java
Logger.java
```

には，変更はありません．

リスト 6.6　rcvThread.java

```java
package fineday.TCPAndroid;
import java.io.IOException;
import java.net.Socket;
public class rcvThread implements Runnable {
  private Logger logger;
  private final int sizeBuf = 32;
  private int flag;
  final char magic1 = '}';
  final char magic2 = '{';
  private Socket socket;
  public rcvThread(Logger logger, Socket socket){
    this.logger = logger;
    flag = 1;
    this.socket = socket;
  }
  public void run() {
    while(flag == 1){
      String str = "null";
      byte[] u = new byte[sizeBuf];
      try {
        int size = socket.getInputStream().read(u);
    boolean[] sw = {false, false, false, false, false, false};
    str = new String(u, 0, size, "UTF-8");
    logger.log(str);
    str = "";
    switch (u[0]) {
    case magic1:
```

> **注意**
> DHCP を採用しているので，IP アドレスなどは，状況に応じて変わります．

リスト 6.6 に，rcvThread.java を示します．

```
      if (u[1] == magic2)
        flag = 0;
      break;
    case 'w':
      switch (u[2]) {
      case '0':
        sw[0] = true;
        sw[1] = true;
        sw[2] = true;
        sw[3] = true;
        break;
      case '1':
        sw[1] = true;
        sw[2] = true;
        sw[3] = true;
        break;
      case '2':
        sw[0] = true;
        sw[2] = true;
        sw[3] = true;
        break;
      case '3':
        sw[2] = true;
        sw[3] = true;
        break;
      case '4':
        sw[0] = true;
        sw[1] = true;
        sw[3] = true;
        break;
      case '5':
        sw[1] = true;
        sw[3] = true;
        break;
      case '6':
        sw[0] = true;
```

リスト 6.6　rcvThread.java（つづき）

```java
      sw[1] = true;
      break;
    case '7':
      sw[3] = true;
      break;
    case '8':
      sw[0] = true;
      sw[1] = true;
      sw[2] = true;
      break;
    case '9':
      sw[1] = true;
      sw[2] = true;
      break;
    case 'a':
      sw[0] = true;
      sw[2] = true;
      break;
    case 'b':
      sw[2] = true;
      break;
    case 'c':
      sw[0] = true;
      sw[1] = true;
      break;
    case 'd':
      sw[1] = true;
      break;
    case 'e':
      sw[0] = true;
      break;
    }
    switch (u[1]) {
    case 'c':
      sw[4] = true;
      sw[5] = true;
```

```
            break;
         case 'd':
            sw[5] = true;
            break;
         case 'e':
            sw[4] = true;
            break;
         }
         for (int i = 5; i >= 0; i--) {
            if (sw[i])
               str += " ON  ";
            else
               str += " OFF ";
         }
         logger.log(str);
         logger.log(" SW1 SW2 SW3 SW4 SW5 SW6" );
         break;
      default:
         logger.log("undefined char");
      }
      } catch (IOException e) {
      e.printStackTrace();
      }
    }
    logger.log("RUN LOOP EXITED");
  }
}
```

リスト 6.6 に示した rcvThread.java のプログラムの説明をします．
まず，mbed からの返信をバッファに読み込みます．

```
int size = socket.getInputStream () .read (u) ;
```

バッファの先頭文字が，

```
   w
```

ならば，これは MAPLE ボードのスイッチに関する返信です．
　スイッチの状態は，

```
   u[1], u[2]
```

に格納されています．まず，下位の u[2] から処理します．ここには 4 個のスイッチ，

```
   SW4, SW3, SW2, SW1
```

の状態が格納されています．これら 4 個のスイッチが，全部 OFF ならば，

```
   u[2] = 'f'
```

です．
　もし，

```
   u[2] = 'e'
```

ならば，

```
   SW1 = ON
```

です．以下同様です．
　u[2] をデコードして，スイッチの状態を記憶します．
　u[1] は，

```
   SW6, SW5
```

に関する情報を持つので，これをデコードして記憶します．

画面 6.25　TCPTest3_LPC1768.bin

最後にスイッチの状態を [TextView] にプリントします．
それでは準備ができたので，実機を使って実験を行います．
パソコンにおいて [Tera Term] をスタートします．
mbed に対して**画面 6.25** に示すように，

TCPTest3_LPC1768.bin

をロードします．
　Android において，

TCPAndroid

をスタートします．**画面 6.26** に示すように初期画面が開きます．
　Android 画面において，

[Connect] ボタン

をタップします．**画面 6.27** に示すように mbed へ接続します．
　チェックのために mbed の LED を点灯します．画面のキーボードを使い [EditText] に対して**画面**

第6章　TCP通信

画面 6.26　Android の初期画面

画面 6.27　mbed へ接続

画面 6.28 コマンドの書き込み

6.28 に示すように，

> @s4

と書き込んで［Send］ボタンをタップします．
mbed の，

> LED4

は点灯します．
　それでは，MAPLE ボードのスイッチの状態を要求します．**画面 6.29** に示すように，［EditText］に対して，

> @w

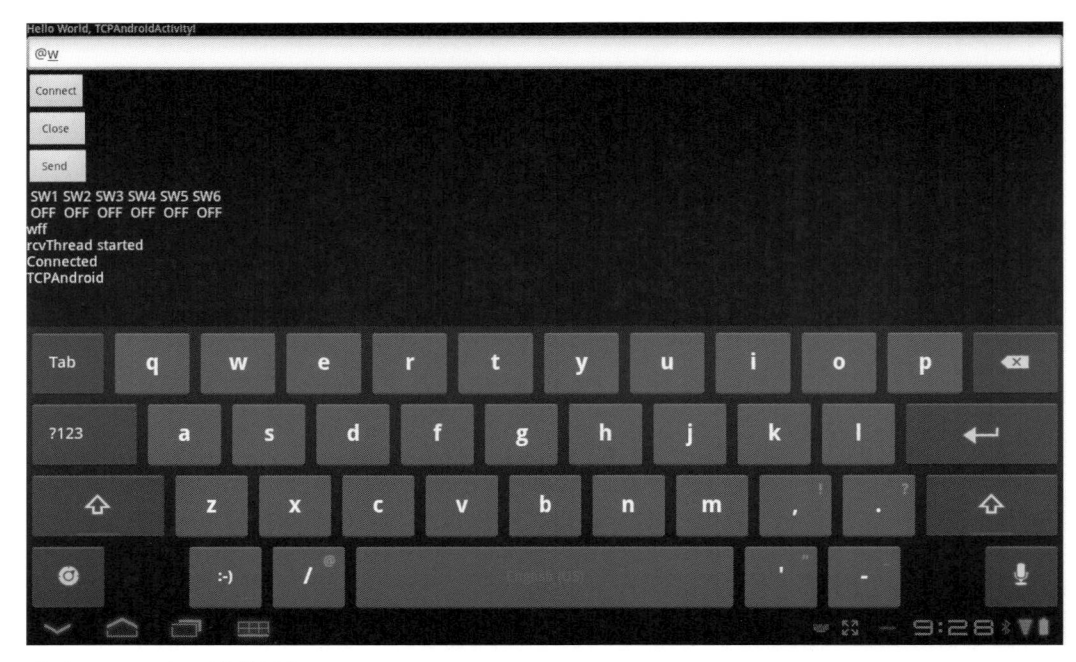

画面 6.29　スイッチ状態要求

と打ち込んで[Send]ボタンをタップします．
　画面に示すようにmbedから，

ff

というデータが返ってきました．すべてのスイッチは，

OFF

状態です．
　今度はmbedのSW1を押した状態にして，Androidの[Send]ボタンをタップします．**画面6.30**に示すように，スイッチの状態が返ってきました．
　SW6がONの状態(スイッチを押した状態)であることが表示されています．
　皆さんは，必ず実機を使って同じ実験を行ってください．
　以上，Androidとmbedをイーサネットで結んで，データ通信を行う方法を示しました．

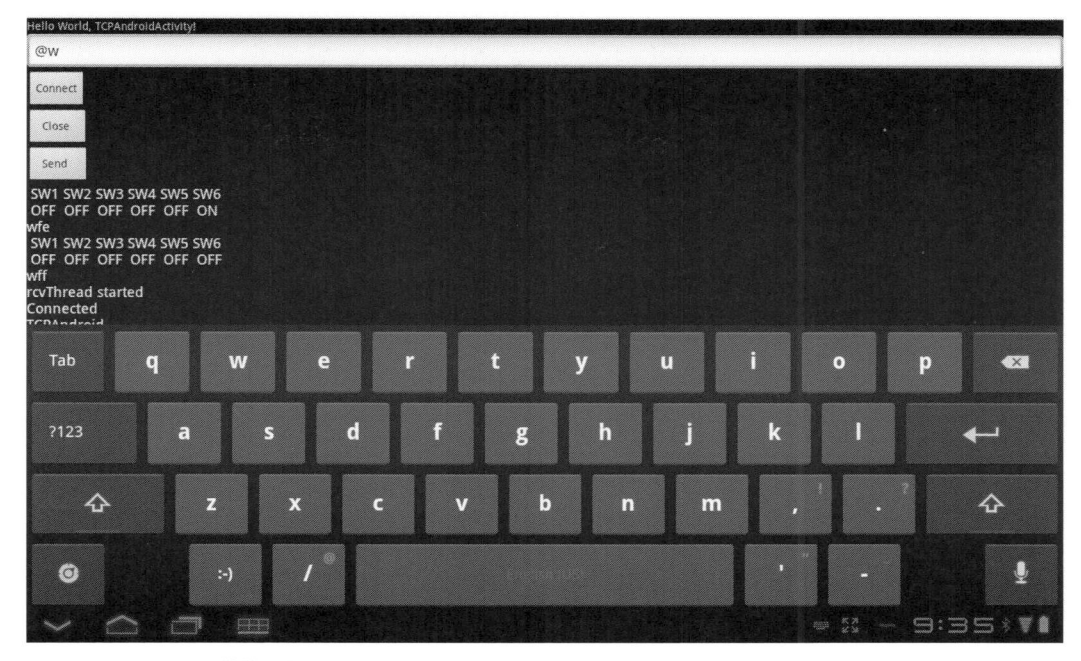

画面 6.30 スイッチ状態要求

6.5 ユーザ・インターフェース

Android のユーザ・インターフェースを作成します．

図 6.1 に，今回作成する Android のユーザ・インターフェースを示します．

mbed は，これまで使用したプロジェクト，

> TCPTest3

を続けて使用します．

Android において，新規にプロジェクトを作成します．プロジェクトの名前を，

> TCPAndroidUI

とします．プロジェクトは，3 本のファイル，

```
┌─────────────────────────────────────────────────────────────────┐
│  ┌──────────────────────────────────────────┐                   │
│  │ TextView                                 │                   │
│  └──────────────────────────────────────────┘                   │
│  ┌─────────┐                                                    │
│  │ Button1 │                                                    │
│  └─────────┘                                                    │
│  ┌─────────┐ ┌─────────┐ ┌─────────┐ ┌─────────┐                │
│  │ Button3 │ │ Button4 │ │ Button5 │ │ Button6 │                │
│  └─────────┘ └─────────┘ └─────────┘ └─────────┘                │
│  ┌─────────┐ ┌─────────┐ ┌─────────┐                            │
│  │ Button7 │ │ Button8 │ │ Button9 │                            │
│  └─────────┘ └─────────┘ └─────────┘                            │
│  ┌──────────┐                                                   │
│  │ Button10 │                                                   │
│  └──────────┘                                                   │
│  ┌────────────────────────────────┐                             │
│  │ textView2                      │                             │
│  └────────────────────────────────┘                             │
│  ┌─────────┐                                                    │
│  │ Button2 │                                                    │
│  └─────────┘                                                    │
│  ┌────────────────────────────────┐                             │
│  │ textView1                      │                             │
│  └────────────────────────────────┘                             │
└─────────────────────────────────────────────────────────────────┘
```

図 6.1 Android のユーザ・インターフェース

```
TCPAndroidUIActivity.java
rcvThread.java
Logger.java
```

から構成します．

リスト 6.7 に，TCPAndroidUIActivity.java を示します．

リスト 6.7 に示した TCPAndroidUIActivity.java のプログラムの説明をします．このプロジェクトにおいて，

```
TextView    2
Button     10
```

を使用します．

リスト 6.7　TCPAndroidUIActivity.java

```java
package fineday.TCPAndroidUI;
import android.app.Activity;
import android.graphics.Color;
import android.os.Bundle;
import android.view.View;
import android.view.Window;
import android.widget.Button;
import android.widget.TextView;
import java.io.IOException;
import java.io.OutputStream;
import java.net.Socket;
public class TCPAndroidUIActivity extends Activity implements View.OnClickListener{
    private TextView textview1,textview2;
    private Button button1, button2, button7, button8, button9, button10;
    private Button[] button = new Button[4];
    private String server = "192.168.11.4";
    private int port = 8000;
    private Socket socket;
    private OutputStream out;
    private Thread rcvThread;
    public Logger logger;
    final char magic1 = '}';
    final char magic2 = '{';
    private String[] st = {"×", "×", "×", "×", "×", "×"};
    private String str = "          "+st[0]+"¥n    "+st[3]+"          "+st[1]+"     "
                                    +st[4]+"      "+st[5]+"¥n          "+st[2]+"¥n";
    private boolean[] btState = {false, false, false, false};
    private String[] cmdReverse = {"@r1", "@r2", "@r3", "@r4"};
    /** Called when the activity is first created. */
    @Override
    public void onCreate(Bundle savedInstanceState) {
        super.onCreate(savedInstanceState);
        requestWindowFeature(Window.FEATURE_NO_TITLE);
        setContentView(R.layout.main);
        // TextView
        textview1 = (TextView)this.findViewById(R.id.textView1);
```

リスト 6.7　TCPAndroidUIActivity.java（つづき）

```java
        textview2 = (TextView)this.findViewById(R.id.textView2);
        textview1.setText("TCPAndroid");
        textview2.setText(str);
        // Button
        button1 = (Button)this.findViewById(R.id.button1);
        button1.setOnClickListener(this);
        button2 = (Button)this.findViewById(R.id.button2);
        button2.setOnClickListener(this);
        button[0] = (Button)this.findViewById(R.id.button3);
        button[0].setOnClickListener(this);
        button[1] = (Button)this.findViewById(R.id.button4);
        button[1].setOnClickListener(this);
        button[2] = (Button)this.findViewById(R.id.button5);
        button[2].setOnClickListener(this);
        button[3] = (Button)this.findViewById(R.id.button6);
        button[3].setOnClickListener(this);
        button7 = (Button)this.findViewById(R.id.button7);
        button7.setOnClickListener(this);
        button8 = (Button)this.findViewById(R.id.button8);
        button8.setOnClickListener(this);
        button9 = (Button)this.findViewById(R.id.button9);
        button9.setOnClickListener(this);
        button10 = (Button)this.findViewById(R.id.button10);
        button10.setOnClickListener(this);
        logger = new Logger(textview1, textview2);
    }
    public void onClick(View arg0){
        // 接続
        if (arg0 == button1){
          try{
          socket = new Socket(server, port);
          out = socket.getOutputStream();
                rcvThread = new Thread(new rcvThread(logger, socket));
            rcvThread.start();
            button1.setBackgroundColor(Color.GREEN);
            // LED 初期設定
```

6.5 ユーザ・インターフェース

```java
    for (int i = 1; i < 4; i++) {
       btState[i] = false;
     button[i].setBackgroundColor(Color.GRAY);
  }
  sendCommand("@ac");
  logger.log("Initialized");
  } catch (Exception e){
        logger.log("fail connect");
  }
}
// 切断
if (arg0 == button2){
  exitFromRunLoop();
  try{
  socket.close();
  socket = null;
        logger.log("Closed");
        button1.setBackgroundColor(Color.WHITE);
    rcvThread.stop();
    rcvThread = null;
  } catch (Exception e) {
  logger.log("fail close");
  }
}
// LED コマンド
for (int i = 0; i < 4; i++) {
  if (arg0 == button[i]){
    if (btState[i]) {
      button[i].setBackgroundColor(Color.WHITE);
  } else {
    button[i].setBackgroundColor(Color.RED);
  }
    btState[i] = !btState[i];
  sendCommand(cmdReverse[i]);
  }
}
```

リスト 6.7　TCPAndroidUIActivity.java（つづき）

```java
    // LED 全点灯
    if (arg0 == button7){
      for (int i = 1; i < 4; i++) {
       btState[i] = true;
       button[i].setBackgroundColor(Color.RED);
        }
        sendCommand("@as");
    }
    // LED 全消灯
    if (arg0 == button8){
      for (int i = 1; i < 4; i++) {
       btState[i] = false;
       button[i].setBackgroundColor(Color.WHITE);
        }
        sendCommand("@ac");
    }
    // LED 全反転
    if (arg0 == button9){
      for (int i = 1; i < 4; i++) {
       if (btState[i]) {
            button[i].setBackgroundColor(Color.WHITE);
       } else {
          button[i].setBackgroundColor(Color.RED);
       }
       btState[i] = !btState[i];
        }
        sendCommand("@ar");
    }
    if (arg0 == button10) {
      sendCommand("@w");
    }
}
// mbed へコマンド送信
void sendCommand(String str) {
  try {
    byte[] w = str.getBytes("UTF8");
```

```
        out.write(w);
        out.flush();
      } catch (IOException e) {
        logger.log("send fail");
        e.printStackTrace();
      }
    }
    // Run ループから脱出
    void exitFromRunLoop(){
      try {
        byte[] w = new byte[2];
        w[0] = magic1;
        w[1] = magic2;
        out.write(w);
        out.flush();
      } catch (IOException e) {
        logger.log("send fail");
        e.printStackTrace();
      }
    }
}
```

> **注意**
>
> プロジェクトを作成した際に，デフォルトで作成される，
>
>   TextView1
>
> には，プログラムからはアクセスしません．そのまま放置します．したがって，厳密に言えば TextView は 3 個あります．

ボタンをタップしたときに行われる処理を**表 6.1** に示します．
textView1 は，Logger が使用します．
文字列を Android 画面へプリントします．プログラムをデバッグする際に使用します．
textView2 は，mbed スイッチの状態を表示する際に使用します．

表6.1 ボタンをタップしたときに行われる処理

ボタン	処理内容
button1	mbedへ接続
button2	mbedから切断
button[0]	mbed動作インディケータ
button[1]	LED2の反転
button[2]	LED3の反転
button[3]	LED4の反転
button7	全LED点灯
button8	全LED消灯
button9	全LED反転
button10	mbedスイッチ状態取得

リスト 6.8 に rcvThread.java を示します．これは，mbed からのパケットを受信するプログラムです．パケットを待つ間，プログラムの実行をブロックするので，スレッドとして実行します．

リスト 6.8　rcvThread.java

```java
package fineday.TCPAndroidUI;
import java.io.IOException;
import java.net.Socket;
public class rcvThread implements Runnable {
  private Logger logger;
  private final int sizeBuf = 32;
  private int flag;
  final char magic1 = '}';
  final char magic2 = '{';
  private Socket socket;
  private String[] st = {"×", "×", "×", "×", "×", "×"};
  public rcvThread(Logger logger, Socket socket){
    this.logger = logger;
    flag = 1;
    this.socket = socket;
  }
  public void run() {
    while(flag == 1){
      String str = "null";
      byte[] u = new byte[sizeBuf];
```

```
try {
  int size = socket.getInputStream().read(u);
  boolean[] sw = {false, false, false, false, false, false};
  str = new String(u, 0, size, "UTF-8");
  str = "";
  switch (u[0]) {
  case magic1:
    if (u[1] == magic2)
    flag = 0;
  break;
  case 'w':
  switch (u[2]) {
  case '0':
      sw[0] = true;
      sw[1] = true;
      sw[2] = true;
    sw[3] = true;
    break;
  case '1':
    sw[1] = true;
    sw[2] = true;
    sw[3] = true;
    break;
  case '2':
    sw[0] = true;
    sw[2] = true;
    sw[3] = true;
    break;
  case '3':
    sw[2] = true;
    sw[3] = true;
    break;
  case '4':
    sw[0] = true;
    sw[1] = true;
    sw[3] = true;
```

リスト 6.8　rcvThread.java（つづき）

```java
        break;
    case '5':
        sw[1] = true;
        sw[3] = true;
        break;
    case '6':
        sw[0] = true;
        sw[1] = true;
        break;
    case '7':
        sw[3] = true;
        break;
    case '8':
        sw[0] = true;
        sw[1] = true;
        sw[2] = true;
        break;
    case '9':
        sw[1] = true;
        sw[2] = true;
        break;
    case 'a':
        sw[0] = true;
        sw[2] = true;
        break;
    case 'b':
        sw[2] = true;
        break;
    case 'c':
        sw[0] = true;
        sw[1] = true;
        break;
    case 'd':
        sw[1] = true;
        break;
    case 'e':
```

```
          sw[0] = true;
          break;
        }
        switch (u[1]) {
        case 'c':
          sw[4] = true;
          sw[5] = true;
          break;
        case 'd':
          sw[5] = true;
          break;
        case 'e':
          sw[4] = true;
          break;
        }
        for (int i = 5; i >= 0; i--) {
          if (sw[i])
            st[i] = "○";
          else
            st[i] = "×";
        }
        str = "       "+st[5]+"\n   "+st[2]+"          "+st[4]
                      +"   "+st[1]+"    "+st[0]+"\n       "+st[3]+"\n";
        logger.log2(str);
        break;
        default:
          logger.log("undefined char");
        }
      } catch (IOException e) {
        e.printStackTrace();
      }
    }
    logger.log("RUN LOOP EXITED");
  }
}
```

第6章 TCP 通信

リスト **6.9** に Logger.java を示します．
textView2 に文字列をプリントする機能を追加しました．
準備ができたのでプロジェクトをビルドします．
ビルドは成功します．
実機実験を開始します．
まず，パソコンにおいて [Tera Term] をスタートします．
mbed に，

```
TCPTest3_LPC1768.bin
```

をロードします．画面 **6.31** に示すように mbed はスタートします．

リスト **6.9**　Logger.java

```java
package fineday.TCPAndroidUI;
import android.os.Handler;
import android.widget.TextView;
class ps implements Runnable{
  TextView t;
  String s;
  public ps(TextView t, String s){
    this.t = t;
    this.s = s;
  }
  public void run(){
    t.setText(s + "\n" + t.getText());
  }
}
class ps2 implements Runnable{
  TextView t;
  String s;
  public ps2(TextView t, String s){
    this.t = t;
    this.s = s;
  }
  public void run(){
```

画面 6.31
mbed のスタート

```java
      t.setText(s);
    }
  }
public class Logger {
  Handler h;
  TextView t, t2;
  public Logger(TextView t){
    this.t = t;
    h = new Handler();
  }
  public Logger(TextView t, TextView t2){
    this.t = t;
    this.t2 = t2;
    h = new Handler();
  }
  public void log(String s){
    h.post(new ps(t, s));
  }
  public void log2(String s){
    h.post(new ps2(t2, s));
  }
}
```

第6章 TCP通信

画面 6.32 Android の初期画面

サーバのアドレスは，

> 192.168.11.4

です．
Android において，

> TCPAndroidUI

をスタートします．**画面 6.32** に示すように初期画面が開きます．
Android から mbed に対して接続要求を送ります．Android 画面の，

> ［mbed へ接続］

ボタンをタップします．

画面 6.33 ［Tera Term］の画面

mbed は，**画面 6.33** に示すように，

> IP アドレス　　192.168.11.3（すなわち，Android）

から接続要求があり，これを受け付けたことを示します．

同時に Android は，コマンド，

> @ac

を mbed に対して送っています．

Android は接続時に，

> mbed の LED を消灯

しています．

> ⚠️ **注意**
> これは，プログラムをそのように作ったということを意味します．

第6章 TCP通信

画面 6.34 Android の画面

Android の画面において**画面 6.34** に示すように，

[mbed へ接続] ボタン

は緑色に変わります．

> **注意**
> 書籍の中でボタンの色の変化を示すことは難しいので，皆さんは実機を使って画面を見てください．

Android と mbed はイーサネットを介して接続しました．
Android の画面において，

[LED2] ボタン

をタップします．mbed の LED2 は，図 6.2 に示すように点灯します．

6.5 ユーザ・インターフェース

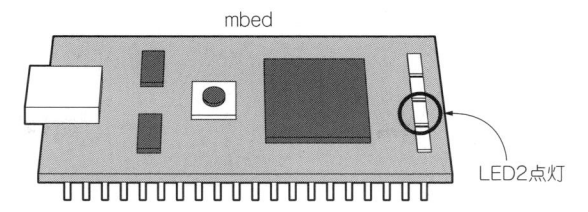

図 6.2 mbed LED2 の点灯

画面 6.35 Android の画面

Android の画面は，**画面 6.35** に示すように，

［LED2］ボタンの色

は，グレイから赤に変わります．
Android 画面において，

［全点灯］

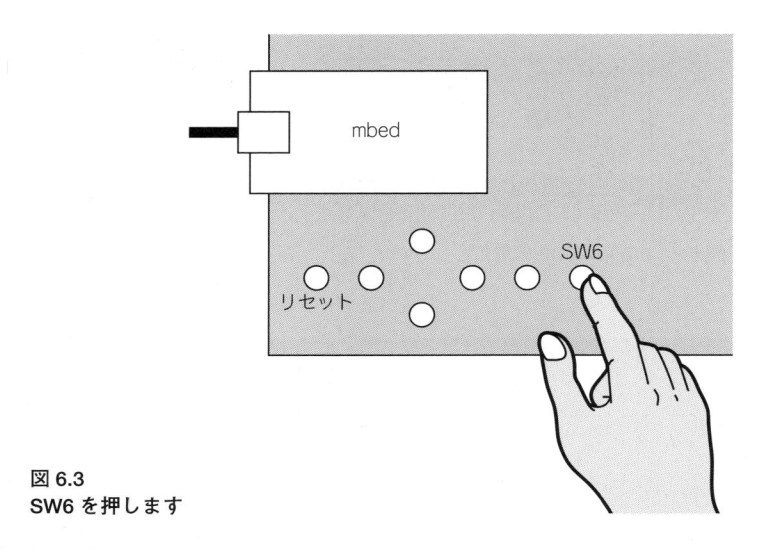

図 6.3
SW6 を押します

ボタンをタップします．
　mbed において，

> LED2, LED3, LED4

が点灯します．皆さんは，実機を使って実験を行ってください．
　次に MAPLE ボードのスイッチの状態を取得します．
　図 6.3 に示すように MAPLE ボード右端の，

> SW6

を指で押します．
　この状態で Android 画面の，

> ［スイッチ］ボタン

をタップします．画面 6.36 に示すように，Android 画面上に mbed スイッチの状態がプリントされます．
　今度は，スイッチ 3 個を押した状態で，Android 画面において，

画面 6.36　スイッチの状態表示

［スイッチ］ボタン

をタップします．**画面 6.37** に示すように，mbed スイッチの状態が Android 画面においてプリントされます．

Android 画面において，

［mbed を切断］ボタン

をタップします．**画面 6.38** に示すように Android は接続を切断します．

書籍の画面では，はっきり示すことができませんが，

［mbed へ接続］ボタン

の色は赤から白へ変わります．

画面 6.37　スイッチの状態表示

画面 6.38　Android の終了画面

画面 6.39　mbed と Android の接続終了

一方，mbed は**画面 6.39** に示すように，Android との接続を終了したことを示しています．
以上，Android のユーザ・インターフェースを作成する際のヒントを示しました．

◆ 参考文献 ◆

(1) 勝 純一；超お手軽マイコン mbed 入門，CQ 出版社，2011 年 3 月．
(2) エレキジャック編集部；mbed/ARM 活用事例，CQ 出版社，2011 年 11 月．
(3) 島田，永原，他；世界の定番 ARM マイコン超入門キット STM32 ディスカバリ，CQ 出版社，2011 年 12 月．
(4) 大川 善邦；Android によるロボット制御，工学社，2011 年 10 月．

あとがき

　コンピュータの歴史は，IBMの計算センタからマイクロソフトのパソコンへ，そしてAppleのモバイルへと展開しました．

　Arduinoの開発は，この歩みをさらに「一歩」進めます．

　センシング時代の到来です．

　まえがきにおいて述べましたが，たとえば，ビニル・ハウスの温度を旅行先において知るとか，あるいは病弱の人が身に付けて，常時血圧を監視するとか……，アプリケーションは，それこそ無限にあります．

　NXPのmbedは，インターネット上のクラウドを使ってプログラムを開発するという新しいメカニズムを提案しています．

　センシング時代を推進する強力なエンジンです．

　このシステムは，とくに教育の分野において最重要のツールになります．

　どちらかというと，コンピュータのプログラミング技術は「難しい技術」に属します．mbedのプログラミング言語は，現在のところC++ですが，ここにグラフィックスなどを適用して絵文字のような言語を導入すれば，mbedの利用者はさらに増える可能性があります．

　しかし，一方で，インターネット上のクラウドには大きな欠点があります．

　企業において，新製品を開発するというような状況を考えると，おそらくmbedの方式は採用不可です．

　コンパイラがネットワークの先にあるので，処理スピードはいまいちです．

　開発したプログラムは，ネットワークの先に保管されます．

　セキュリティの面から言っても問題がないわけではないと想像されます．

　たとえて言えば，企業において新製品を開発する際に最重要の設計図を，たとえば「駅の一時預かり」に預けたりするでしょうか．

　これは「駅の一時預かり」が犯罪の温床だなどと言っているのではありません．

　新製品の設計図は，おそらく自社の金庫に厳重に保管するでしょう．

　何事においても，「得」と「失」はあります．

　mbedは，教育あるいは普及の分野において強力な武器になります．

　C++以外に図式言語を開発してください．

　mbedは，センシング時代を切り開く突撃隊長です．

　しかし，戦闘において突撃隊がすべてではないことも十分に理解する必要があります．

索 引

● A ●
ADB ……………………………………… 47
adb shell ………………………………… 49
Android …………………………………… 6
Android Debug Bridge ………………… 47
AndroidManifest.xml ………………… 138
Androidクライアント ………………… 246
Androidのアイコン …………………… 29
Androidのアクセプト ………………… 240
Arduino …………………………………… 7
ARM ……………………………………… 5

● B ●
Button …………………………………… 33

● C ●
COM4 …………………………………… 74
Compiler ………………………………… 61
Compilerの画面 ………………………… 61
COMポート ……………………………… 74
Cookbook ……………………… 82, 94, 149
Create new program …………………… 62
cygwin …………………………………… 14

● D ●
DHCP …………………………………… 93

● E ●
eclipse …………………………………… 10
eclipse_TADP …………………………… 17

● G ●
GPU ……………………………………… 6
Graphical Layout ……………………… 22

● H ●
Handbook ……………………………… 70
HelloButton ………………………… 33, 41
HelloButtonActivity.java ……………… 38
HelloWorld.bin ………………………… 58
HelloWorldActivity.java ……………… 20

HTMLファイル ………………………… 56
HTTPClientExample …………………… 97
HTTPClientExample.cpp ……………… 98
HTTPClientExample_LPC1768.bin …… 99
HTTPServer.cpp ………………… 118, 126
HTTPServer2_LPC1768.bin ………… 142
HTTPServerExample.cpp …………… 106
HTTPクライアント …………………… 93
HTTPサーバ …………………… 103, 124
http通信 ………………………………… 93

● I ●
ICONIA TAB A500 ……………………… 9
Id, id …………………………………… 26
Import Library ………………………… 84
ipconfig ………………………………… 51
IPアドレス …………………………… 154

● J ●
Javaプロジェクト …………………… 146

● L ●
LCDのライブラリ ……………………… 82
LCDライブラリ ………………………… 83
LED ……………………………………… 55
LED1 …………………………………… 65
LED2 …………………………………… 65
LF ………………………………………… 76
Logger.java …………………… 180, 274
LPCXpresso1768 ………………………… 8
ls ………………………………………… 49

● M ●
main.cpp ……… 64, 66, 86, 91, 212, 230, 248
MAPLEボード ……………………… 81, 86
MAPLEボードのスイッチ ………… 88, 124
mbed ……………………………………… 7
mbed ……………………………………… 53
mbedサーバ ………………………… 229

285

MBED のログイン ・・・・・・・・・・・・・・・・・・ 57
mbed の停止 ・・・・・・・・・・・・・・・・・・・・・・ 60
my.htm ・・・・・・・・・・・・・・・・・・・・・・・・・・ 109

● N ●

NetTool ・・・・・・・・・・・・・・・・・・・・・・・・・ 149
New Android Project ・・・・・・・・・・・・・・ 138
NTP Client ・・・・・・・・・・・・・・・・・・・・・・ 100
NTPClientExample ・・・・・・・・・・・・・・・・ 100
NVIDIA ・・・・・・・・・・・・・・・・・・・・・・・・・・ 12
NVPACK ・・・・・・・・・・・・・・・・・・・・・・・・・ 14
NXP ・・・・・・・・・・・・・・・・・・・・・・・・・・・・・・ 8

● O ●

open folder ・・・・・・・・・・・・・・・・・・・・・・・ 67
Other セクション ・・・・・・・・・・・・・・・・・・ 70

● P ●

Package Explorer ・・・・・・・・・・・・・・・・・・ 20
PCF8574 ・・・・・・・・・・・・・・・・・・・・・・・・・ 89
PCF8674 ・・・・・・・・・・・・・・・・・・・・・・・・ 125
ping ・・・・・・・・・・・・・・・・・・・・・・・・・・・・・ 52
printf ・・・・・・・・・・・・・・・・・・・・・・・・・・・・ 69
Program Workspace ・・・・・・・・・・・・・・・・ 62
Properties のパネル ・・・・・・・・・・・・・・・・ 25
pwd ・・・・・・・・・・・・・・・・・・・・・・・・・・・・・ 48

● R ●

rcvThread.java ・・・・・・・・ 179, 199, 225, 254, 271
RPC ・・・・・・・・・・・・・・・・・・・・・・・・・・・・ 103
RPC over HTTP ・・・・・・・・・・・・・・・・・・ 104
RPC_HTTP プロジェクト ・・・・・・・・・・・・ 105
RPCfunction ・・・・・・・・・・・・・・・・・・・・・ 115
RPCInterface ・・・・・・・・・・・・・・・・・・・・・ 117
rpcTestFunc ・・・・・・・・・・・・・・・・・・・・・・ 121
RPCVariable ・・・・・・・・・・・・・・・・・・・・・ 129
RPCvariable のセクション ・・・・・・・・・・ 130
RPC の選択肢 ・・・・・・・・・・・・・・・・・・・・ 135

● S ●

Setup Guid ・・・・・・・・・・・・・・・・・・・・・・・ 54
Sockets API ・・・・・・・・・・・・・・・・・・・・・ 150

● T ●

Tablet ・・・・・・・・・・・・・・・・・・・・・・・・・・・・ 6

TADP ・・・・・・・・・・・・・・・・・・・・・・・・・・・・ 12
TCPAndroidUI ・・・・・・・・・・・・・・・・・・・ 276
TCPAndroidUIActivity.java ・・・・・・・・・ 266
TCPTest ・・・・・・・・・・・・・・・・・・・・・・・・・ 210
TCPTest_1768.bin ・・・・・・・・・・・・・・・・ 226
TCPTest2_1768.bin ・・・・・・・・・・・・・・・ 238
TCPTest3_1768.bin ・・・・・・・・・・・・・・・ 259
TCPThreadAndroid.java ・・・・・・・・・・・・ 222
TCP クライアント ・・・・・・・・・・・・・・・・・ 221
TCP サーバ ・・・・・・・・・・・・・・・・・・・・・・ 209
Tegra ・・・・・・・・・・・・・・・・・・・・・・・・・・・・・ 6
Tera Term ・・・・・・・・・・・・・・・・・・・・・・・ 72
Tera Term のインストール ・・・・・・・・・・ 72
Test_LPC1768.bin ・・・・・・・・・・・・・・・・・ 68
testFunc のアクション ・・・・・・・・・・・・・ 123
testFunc の実行 ・・・・・・・・・・・・・・・・・・ 122
Text LCD ・・・・・・・・・・・・・・・・・・・・・・・・ 83

● U ●

UDPEchoAndroid.java ・・・・・・・・・・・・・ 160
UDPEchoJava.java ・・・・・・・・・・・・・・・・ 148
UDPSocketExample ・・・・・・・・・・・・・・・ 151
UDPSocketExample.cpp ・・・・・・・・ 152, 168, 185
UDPSocketExample_LPC1768.bin ・・・ 158
UDPSocketExample2 ・・・・・・・・・・・・・・ 170
UDPSocketExample3.cpp ・・・・・・・・・・ 188
UDPSocketExample3_LPC1768.bin ・・ 186
UDPThreadAndroid ・・・・・・・・・・・・・・・ 175
UDPThreadAndroid.java ・・・・・・・・・・・ 176
UDPThreqadAndroid ・・・・・・・・・・・・・・ 184
UDP 通信 ・・・・・・・・・・・・・・・・・・・・・・・ 145
URL の入力 ・・・・・・・・・・・・・・・・・・・・・ 122
USB ケーブル ・・・・・・・・・・・・・・・・・・・・・ 54

● W ●

WebView ・・・・・・・・・・・・・・・・・・・・・・・ 137
WebViewActivity.java ・・・・・・・・・・・・・ 140
Wi-Fi 設定 ・・・・・・・・・・・・・・・・・・・・・・・ 42
Windows serial configuration ・・・・・・・ 71
workspace ・・・・・・・・・・・・・・・・・・・・・・・ 16

● ア行 ●

アプリ ……………………………………… 42
イーサーネットへの接続 ………………… 93
インスタンス ……………………………… 28
インターネット接続 ……………………… 79
インポート ………………………………… 27
エミュレータ ……………………………… 10

● カ行 ●

開発システム ……………………………… 10
グリニッジ標準時刻 ……………………… 102
コントロールの配置 ……………………… 139
コントロールの名前 ……………………… 26

● サ行 ●

サーバーのポート ………………………… 108
受信 ………………………………………… 76
シリアルドライバ ………………………… 71
シリアルポート …………………………… 74
スイッチの状態 ……………… 92, 247, 258
スイッチの並び …………………… 92, 280
スクロールのプログラム ………………… 87
スレッド …………………………………… 174
設定 ………………………………………… 75

● タ行 ●

タイトルの削除 …………………………… 29
タブレット ………………………………… 9
タブレットのドライバ …………………… 15
端末 ………………………………………… 75

● タ行（続き） ●

端末の設定 ………………………………… 76
ディスプレイ ……………………………… 69
デベロッパ・ゾーン ……………………… 12
ドライバ …………………………………… 15
ドライバのインストール ………………… 71

● ハ行 ●

バイナリのダウンロード ………………… 92
ハロー・ワールド ………………………… 16
ハロー LED ……………………………… 54
ビニールハウスの温度 …………………… 144
ビュー ……………………………………… 28
標準時刻 …………………………………… 100
ファイルのダウンロード ………………… 59
ファイルの削除 …………………………… 69
ブラウザのアイコン ……………………… 122
プログラムのテンプレート ……………… 64
プログラムの停止 ………………………… 60
プログラム開発システム ………………… 10
ヘッダファイル …………………………… 65
ボタン ……………………………………… 33

● マ行 ●

無線 LAN ………………………………… 45
文字列のプリント ………………………… 120
文字列の表示 ……………………………… 69
モーター制御プログラム ………………… 131

● ラ行 ●

リスニング状態 …………………………… 226

■ 本書で解説したプログラムなどの関連ファイルを以下の URL からダウンロードすることができます．

http://shop.cqpub.co.jp/hanbai/books/16/16291.html